TOD

商业开发的理念与实践

Commercial Development Strategy and Practice of TOD Ideas

周洁　编著

化学工业出版社
·北京·

内容简介

本书的内容主要分为三个部分。首先探讨了TOD项目与商业开发的关系，进而引出TOD商业开发特点。之后重点讨论了三种不同TOD开发模式及其商业规划的特点。这三种模式根据复杂程度层层递进，分别为紧邻联合开发模式、空间权联合开发模式和区域联合开发模式。最后围绕“场所营造”这一主题展开，揭示了商业空间设计的本质，指出TOD项目的成功离不开舒适、安全、丰富、有趣的城市公共场所的打造，而这一切都需要以优秀的商业规划设计为基础。本书最大特点在于结合TOD项目的设计实践。书中大部分内容为作者工作中TOD项目的设计经验总结，包括设计流程、思考要点、关键点和难点的剖析等。

本书对于从事相关城市开发项目策划的咨询师、设计师、开发商具有较高的参考价值(尤其是可操作性)，也可以供对该领域感兴趣的本科生、研究生、教师参考。

图书在版编目(CIP)数据

TOD商业开发的理念与实践 / 周洁编著. —北京：化学工业出版社，2022.1

ISBN 978-7-122-40122-9

Ⅰ. ①T… Ⅱ. ①周… Ⅲ. ①城市规划-建筑设计 Ⅳ. ①TU984

中国版本图书馆CIP数据核字（2021）第214567号

责任编辑：王　斌　毕小山　　　　装帧设计：张宇驰
责任校对：边　涛

出版发行：化学工业出版社(北京市东城区青年湖南街13号 邮政编码100011)
印　　装：北京瑞禾彩色印刷有限公司
710mm×1000mm 1/16 印张12 字数152千字 2022年3月北京第1版第1次印刷

购书咨询：010-64518888　　　　售后服务：010-64518899
网　　址：http://www.cip.com.cn
凡购买本书，如有缺损质量问题，本社销售中心负责调换。

定　　价：98.00元

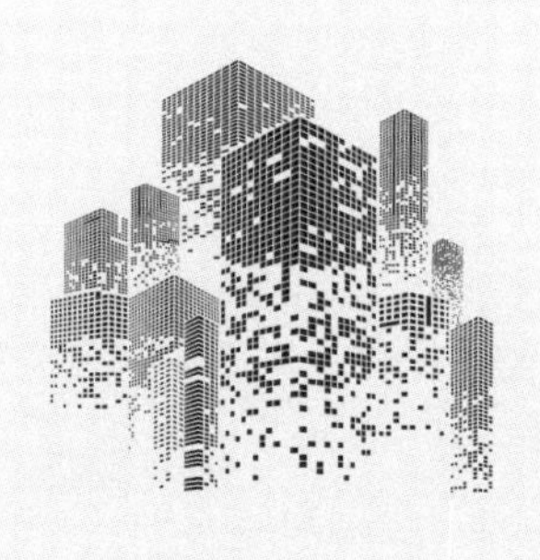

前言

近年来，笔者碰到的商业类设计项目往往与地铁等交通枢纽密切相关，类型也从过去的地铁上盖扩展到地下商业空间，甚至是以某个或某几个交通站点为核心的城市片区商业规划。与此同时，TOD这个词出现的频次也越来越多。

TOD（transit-oriented development）是“一种以公共交通为导向的开发模式”，即以公共交通站点为核心，建立集办公、商业、居住等多种城市功能于一体的城区，把车站融入城市，打造高效、舒适、可持续的新城市模式。由于TOD开发涉及城市基础设施建设及多个私人地块的开发，因此其最大的特点是开发周期长，牵涉的部门和技术专项多。且作为核心的公共交通设施如地铁、高铁一旦建成，则不易改变，因此其产生的社会效应、经济价值具有深远而持久的影响，这就要求在一开始建设时就必须把眼光放远。

车站在过去只是城市交通设施的单一概念，而如今已逐渐转变为城市的开放共享空间。因此，车站及其周边地区的开发也在不断发生着变化。以地下空间来说，以前着重于停车、人防等配套工程开发，现在由于TOD理念的出现，已融入了强调舒适性的人性化空间，如地下商业街等。城市与公共交通车站的融合也越来越深入、复杂，从早期较多的地铁侧盖项目到后来的地铁上盖开发，直到如今的站城融合、区域联合开发项目等，新的挑战及课题层出不穷。

不论是站城融合还是区域联合开发模式，新模式面对的一个重要课题是如何实现公共利益最大化，重点在于价值挖掘和公共性挖掘两个方面。价值挖掘在于TOD开发项目的投资建设、运营管理要考虑如何形成闭环；公共性挖掘在于如何使车站与城市空间、步行系统充分融合、弱化，甚至最后消除站内、站外的差异，使得车站最终完全融入城市之中。

不可否认，商业开发对于实现上述两个目标起着至关重要的作用。从价值挖掘角度来说，无论是最初的产权界面划分还是后期的运营管理、租金回报，都与商业规划密不可分；从公共性挖掘角度而言，商业空间设计能为TOD人行系统打造高品质的场所。当然，商业开发作为TOD整体开发系统中的一环，也需充分考虑与其他系统包括交通系统、市政系统、景观系统等之间的关系。

从商业开发自身来说，随着市场竞争的加剧，选址变得越来越重要，与地铁相结合的商业从其选址来说具有得天独厚的优势。我们也发现城市中的商业版图与车站地图越来越趋于重合，且车站节点的能级越高，其商业价值也越高。

像日本这样以轨道建设为中心进行城市与土地开发的国家，其TOD开发已有百余年历史，TOD也成为其典型的开发手法。而我国引入TOD理念并与城市开发相结合只有近10年时间，国内大中城市以车站为中心的建设方兴未艾。同时，大量一、二线城市的新一轮城市更新也将围绕TOD展开。要做好这一轮的TOD建设，良好的商业规划是其中不可或缺的重要一环。

本书首先探讨了TOD项目与商业开发的关系，进而引出TOD商业开发的特点。之后重点讨论了三种不同TOD开发模式及其商业规划的特点。这三种模式根据复杂程度层层递进，分别为紧邻联合开发模式、空间权联合开发模式和区域联合开发模式。最后围绕“场所营造”这一主题展开，揭示了商业空间设计的本质，指出TOD项目的成功离不开舒适、安全、丰富、有趣的城市公共场所的打造，而这一切都需以优秀的商业规划设计为基础。

周洁

2021年5月

目录
CONTENTS

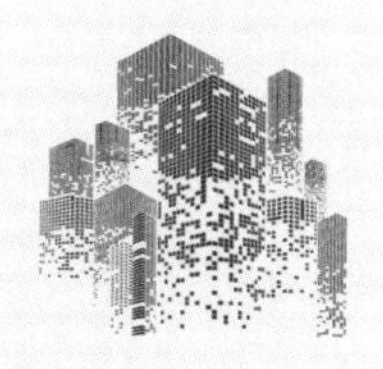

第1章

TOD与商业

1.1 商业地理学回溯

对于城市空间中商业布局规律的研究，最早诞生于20世纪30年代的德国、英国等西方国家。当时出现了一系列关于商业布局方面的理论研究，包括土地价值理论、区域相互作用理论、中心地理论、饱和理论、聚集理论等。这些理论奠定了“商业地理学”的基础。

在早期对于商业布局的研究中，人们关注较多的是区位因素。对于区位因素的探讨最早可追溯到古典区位论。古典区位论研究区位因素对于产业配置的吸引作用，认为区位选择总是趋向生产总成本最低的地点，即“成本决定论”。但古典区位论排斥了市场因素的影响，并且从微观主体出发的研究角度忽略了宏观区位选择的问题，因此并不能准确说明商业布局中区位选择和产业配置的真实过程。

近代区位理论是在克服了古典区位论的缺陷的基础上发展起来的，并且是在垄断资本追求最大利润的背景下产生的，因此又称为“利润决定论”。它以农业区位理论、工业区位理论、中心地理论、城市地域空间利用结构理论这四大理论为基础。其中，中心地理论分析了市场形成的经济过程，并构筑了三角形距离分布和六边形的市场基础。它的核心思想是中心地的等级越高，其所提供的商品和服务的种类也越齐全，而低等级中心地仅限于供应居民日常生活所需的少数商品和服务。中心地理论提出了需求门槛和品类丰富度两个基本概念。这两个概念对于解释商业中心地的形成具有很大的意义。需求门槛意味着商业中心地的形成必须以不低于最低的购买力人口数量为基础，商业中心地从庞大人口（常住人口和流动人口）的消费需求获得支撑。品类丰富度（深度和广度）对于商业中心地形成的贡献在于，越是丰富的业态，其每种业态市场范围的叠加所形成的辐射半径要比少量或单一业态的辐射半径大，意味着商业中心的等级越高。

商业布局的变化从早期的成本决定论到后来的利润决定论，反映了商业布局与人口分布的关系越来越紧密。今天，我们在谈商业选址的时候会参照人口、经济、市场竞争等关键要素，其中最重要的是人口要素。人口分布与产业布局、交通布局有着紧密联系。从我国人口分布的发展趋势来看，值得关注的问题有以下几点。

1.1.1 我国城市人口分布还会进一步集中

有专家指出，从中国的现状来看，城市人口分布还不够集中。从横向对比来看，全球总样本城市人口的空间基尼系数（表示城市间的人口规模差距）为0.5619。在中国、印度、美国、印度尼西亚、巴西、俄罗斯和日本7个人口大国中，日本的空间基尼系数最高，为0.6579，中国的空间基尼系数最低，为0.4234。从这个角度来看，中国的城市化进程还将进一步快速发展，即人口将继续向少数城市集中，从而使空间基尼系数提高。如果人口流动顺畅，除非不同地区间、城乡间实际收入差距缩小至零（扣除物价差异、流动的经济和心理成本后），不同地方的人口规模才会稳定下来，否则大城市的人口集聚还将继续进行。集聚何时趋缓取决于城市的人口承载力上限，最终是市场内部达成平衡的结果。

1.1.2 交通、产业布局与人口的相互影响

研究发现，中国人口目前还持续地从农村向城市转移，而城市之间的人口分配会再集中，从小城到大城。有专家指出，这种集中并非单纯地向几个特大城市集中，因为单个城市的承载力毕竟有限，而是向城市圈集中，尤其是向圈内的区域中心城市集中。在这个过程中，交通和产业的布局起到重要的作用。一方面，从产业来看，资本集中的第三产业促使城市人口数量的增加及地区间人口分布的不均衡；另一方面，交通方式又对城市和地区人口承载力起到重要的制约或促进作用。

原城市中心为提高人口承载力需要交通条件的匹配，通过一个城市人口与交通布局和规划的关系，即可看出其中的合理性。一方面，在人口密度高、产业布局集中的区域，需要快速或新兴交通设施的配合（图1.1、图1.2）；而另一方面，当新兴交通运输方式在进一步强化地理优势城市中心作用的同时，也给了其他地区以新的机会，即所谓的“人随线走”。这使得原先的城市人口布局、商业格局存在被打破或颠覆的可能。

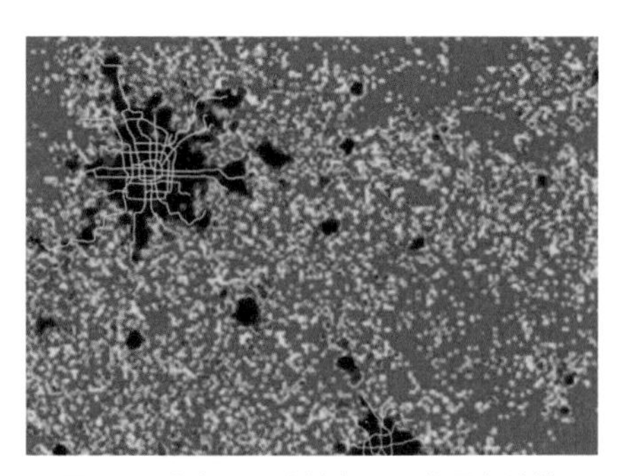

图 1.1　北京、天津城市人口发展与地铁交通线路布局

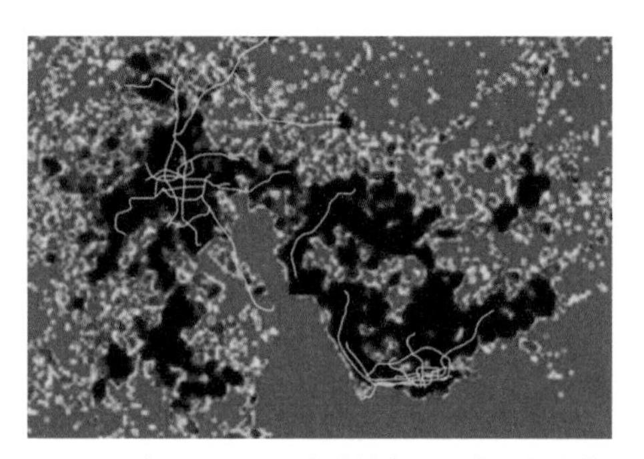

图 1.2　广州、深圳、东莞城市人口发展与地铁交通线路布局

1.2　TOD 理念溯源

所谓TOD,实际是一种以公共交通为导向的城市发展模式，具体来说是指以高质量的公交站点为核心，建设布局紧凑、衔接度高且相互协调的城市开发模式。1993年，美国率先提出TOD的理念，当时美国正处于新城市主义时期。TOD理念可以追溯到当时新城市主义的领军人物彼得·卡尔索普(Peter Calthorpe)于1989年提出的步行口袋（pedestrian pocket）理念。该理念指出，在交通系统1/4mile[1]（约400m）步行半径范围内，由住宅、零售商业、办公共同组成一个集群建筑的规划策略。它是一种综合土地利用战略，将土地利用和公共交通规划联系了起来，有助于解决小汽车依赖带来的交通拥堵、空气污染、城市空间缺乏活力等各种问题。当时TOD理念与传统邻里社区发展(traditional neighbourhood development,TND)理论，并称为新城市主义的两大理论。TOD模式在当时被认为是解决美国城市蔓延的有效途径之一。

之后在1997年发展出TOD的“3D”原则，即密度(density)、多样化(diversity)、合理的设计(design)。2008年以后，“3D”原则又被扩展为“5D”原则，即加入了基于车站节点的“空间影响拓展距离”(distance to transit)原则和基于公共交通走廊与区域功能发展的“目的地可达性”(destination accessibility)原则。体现出交通走廊模式和绿色生态理念对TOD的影响（图1.3）。

---

[1] 1mile（英里）≈ 1609m

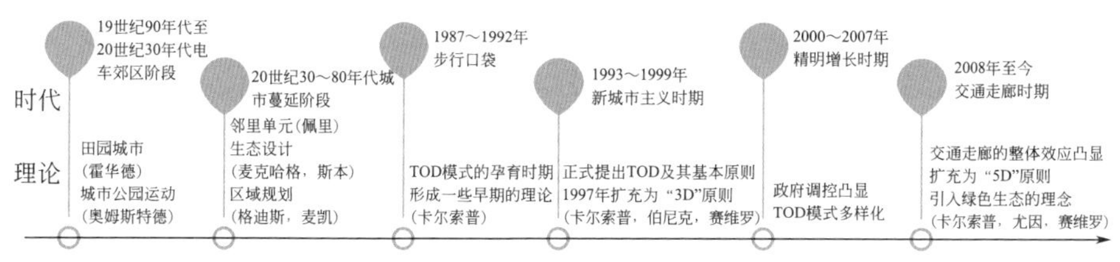

图1.3 TOD模式理论演变阶段

“5D”原则中的各个要素都与商业有关。首先，要提高密度就意味着或者增加建筑的垂直高度，或者加大建筑覆盖率。对于城市发展来说，过去我们一味追求通过增加建筑高度来提高容积率，从而提高密度。而这种盲目追求“高度”的做法，为城市带来了一系列问题，包括人性化丧失、空间尺度和城市风貌失控以及环境和资源等多方面的问题；而另一种适当提高覆盖率的方法可降低建筑高度，但同时保证较高的开发密度。提高首层覆盖率意味着商业功能的注入有了更多的机会。

目的地可达性与步行的连续性、步行环境的适宜性密切相关，而这些因素又与城市形态、商业布局有很紧密的关系。可以说城市的商业布局创造了具有较高可达性的人性化步行路线。商业“讨厌”尽端路，商业的有效连接也往往意味着步行的有效衔接。

从混合来说，包括两个方面：一方面是不同功能间的混合，如办公、商业、居住、酒店等；另一方面是功能内部的混合，如不同居住类型的混合（避免单一居住类型）、不同办公类型的混合（共享办公、普通办公、总部办公等）。商业本身就是多业态的混合，可以很好地增加TOD项目的混合性。一般而言，混合性高的地区，城市活力也较强。当然，混合从空间上来说，也可以同时包括水平向和垂直向的混合。商业与办公、居住、酒店及公共设施甚至公园的竖向叠加，创造了一种“混合式”的城市形态。

再就是步行可达距离，商业选址对于步行可达的距离依赖度较高。从公交节点出发，100m范围内是商业最先可达区域，这里布局业态复合度高、体量较大的购物中心具有一定的优势。在其外围100～300m范围内，商业价值也较高，适合布置一些开放、休闲的商业街区。这些街区也可以与周边环境、区域形成良好的步行衔接系统，因此能较好地发挥TOD的效益。

1.3 日本TOD开发——“站城一体化”理念

日本可以说是在城市开发与轨道交通建设结合方面最早展开实践探索的国家。其“站城一体化”的理念与美式TOD概念有相同之处，但其初衷与美国略有不同。美国推行TOD理念主要是为了应对城市无序蔓延问题，而日本则更多是为了解决东京都市圈扩张与人口增长问题，在泡沫经济后，则又成为了应对城市发展滞缓的发展模式。随着人口老龄化问题逐渐突出，日本“站城一体化”又结合社区营造等方面的新理念，以应对新的城市发展课题。因此“站城一体化”成为日本集约式发展，实现土地经济和社会价值最大化的重要手段。日本“站城一体化”理念也从20世纪初开始结合实践探索，从1.0模式发展到如今的4.0模式（图1.4）。

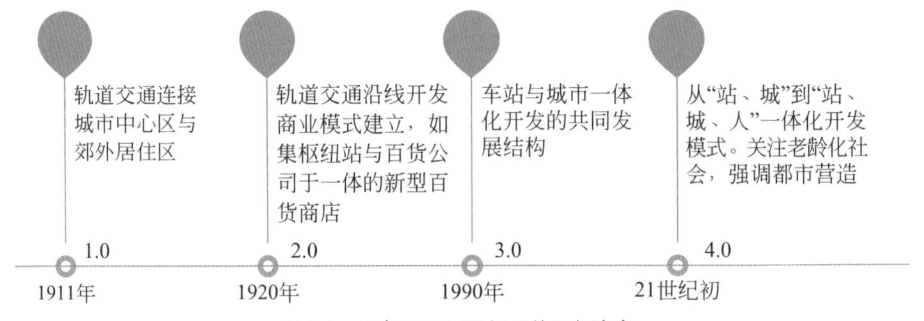

图1.4 日本TOD1.0到4.0的百年演变

在20世纪初，伴随着日本铁路公司（JR）以及私营铁路的快速发展，日本特色TOD1.0出现。当时的TOD主要体现为铁路枢纽站和百货公司相结合，这时涌现的如阪急百货店、东横百货店都是枢纽站与百货公司合并的产物，这也形成了独特的铁路公司经营策略。这种TOD1.0模式恰恰使日本的铁路枢纽在一开始就与城市的生活空间结合在了一起。

随着以轨道交通为中心的商业、商务以及住宅开发的一体化建设逐渐展开，日本的TOD2.0出现了。之后，轨道交通和城市开发的“共同发展”模式日趋成熟，形成了最为完善的TOD3.0模式即“站城一体化”。具体来说包括两种模式：集约型城市开发模式、轨道延线居住基础设施一体化模式。

1.3.1　模式A：集约型城市开发模式

以打造城市生活中心为目标，意在打造集约型城市开发模式。模式A中的枢纽站往往与城市空间和功能紧密结合在一起，体现为功能和空间的高度集聚和复合化。

（1）丰富多元的业态

扬·盖尔曾在《人性化的城市》一书中写道，将城市的多种功能设施结合在一起，可以提高多用性、体验的丰富性、社会的可持续性以及城市各地区的安全感。丰富多元的业态以及“一站式”设计常常是此类TOD模式的特点。以大阪梅田站为例，车站本身不仅是一个巨大的购物中心，还整合了JR大阪三越伊势丹百货店和会员制服务设施，包括健身房、游泳池、温泉浴室等，以及办公区、顶级餐厅、娱乐设施、2500座的剧院等。

（2）复合化空间结构

模式A中的枢纽站与城市空间充分融合，往往形成复合化空间结构，体现在水平和垂直方向上的相互叠加。这种空间模式在复杂度上要远远高于站前广场、站内商业等组合模式（图1.5）。还是以大阪梅田站为例，其车站本身位于建筑的一至三层，而车站月台位于建筑的二层。二层既是人们到达的大厅，也是观景平台，同时起到交通连接和分流的作用，北侧连接Grand Front商业综合体，东西两侧分别连接LUCUA1100和LUCUA商场，南侧可以通过扶梯至三层到达月台上部的连桥大厅，到达换乘厅或是大丸百货。该月台“缝合”了被铁路割裂的城市空间，是真正的“城市客厅”（图1.6）。大阪梅田站不仅实现了空间高度复合化，而且其公共空间类型呈现出多样化，具有较高的密度。除二层的公共大厅外，还

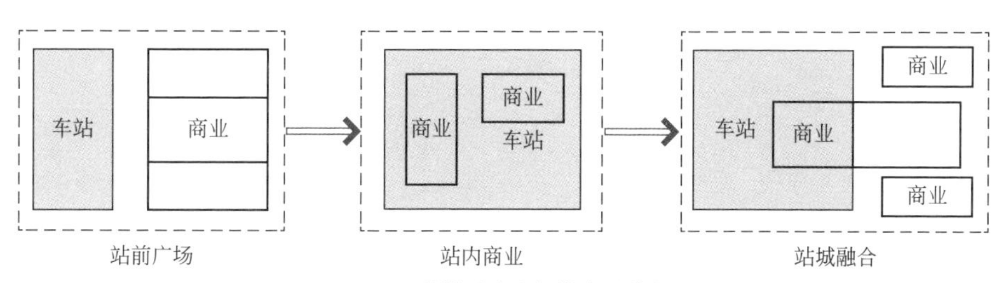

图1.5　站城融合空间模式的进化

图1.6　大阪梅田站二、三层实景

有五层的时空广场，南门屋顶太阳广场及多处空中庭院、屋顶农场等。如此高密度的公共空间使人们能更舒适地使用这个大型的枢纽站建筑。

1.3.2　模式B：轨道沿线居住基础设施一体化模式

模式B实现了沿线轨道建设与居住环境基础设施的一体化建设，同时结合了新城开发和郊外城市生活品质的提升与发展。模式B更注重居住区环境与生活关联设施的建设。该模式使TOD开发成为社区营造的重要组成部分。

（1）轨道交通线路结合绿地系统

用轨道交通骨架结合公园的配置和建设，可以打造田园生活景象、提升生活品质，从而更高效地提升新城的价值。日本著名的新城开发项目二子玉川站周边的开发便是典型案例。二子玉川站综合开发就是基于“从城市到自然”的开发理念，在城市公园与枢纽站之间进行三期开发，包括零售、娱乐、居住、办公等多种功能。无独有偶，日本TOD更新项目——东急南町田站也在旧车站的二次改造中，引入了站前商业广场和公园结合模式来替代传统的站前广场，使得车站成了新城中心。鹤间公园与站前商业设施之间形成步行回游路线。

（2）交通换乘站体结合商业广场

日本在最初的TOD开发中，住宅区开发几乎都在以车站为中心的半径750m（步行10min以内）的步行范围内。后来为了顺应市场需求，突破了这个距离限制，开始建设巴士线路的接驳系统以扩展居住区开发的范围。该模式的优势在于可灵活应对城市发展不同阶段和城市发展变化的模式。巴士车站+商业+轨道交通站的“三位一体”可以充分实现TOD项目的综合收益，并使TOD沿线开发模式化，建立可持续的品牌战略。在二子玉川站的开发中可以看到这种典型的布局，商业广场串接了公交车站及地铁车站，因此该商业广场既是商业空间，也是换乘大厅（图1.7）。

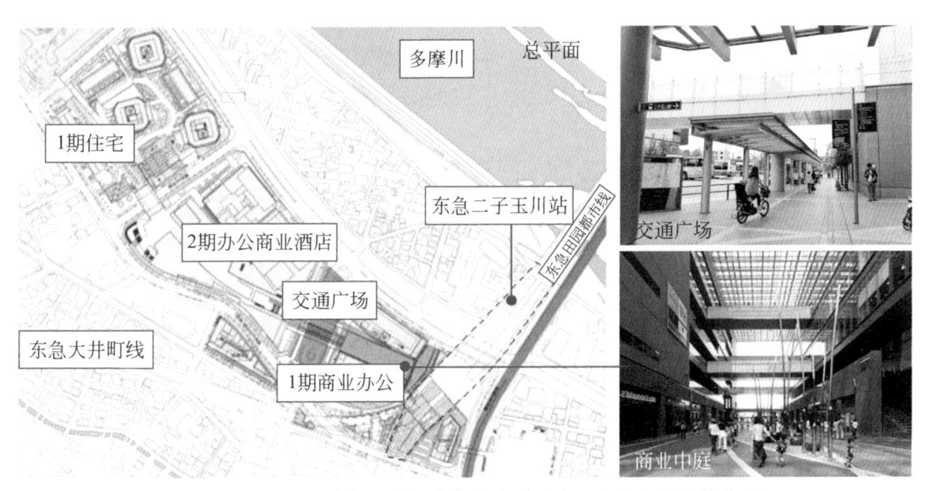

图1.7　二子玉川站商业广场串接公交站（交通广场）与地铁车站

（3）社区配套设施与车站的结合

随着日本TOD进入4.0时代，社会及人口问题也被引入TOD规划的研究内容中。日本进入了“下一代都市营造”模式，以一体化方案解决老龄社会的各种问题，推进参与型的新型社区营造策略。如将医疗设施和社区服务设施整合到郊外车站商业中。以东急电铁为例，其在大冈山车站上方的原东急医院的基础上进行改建，开发了东急Welina大冈的老人住宅，并设置了“一般居室”和“看护居室”两种户型。这些做法充分顺应了日本老龄化发展的趋势（图1.8）。

值得一提的是，如今日本的“站城一体化”开发已不仅仅局限于整合枢纽

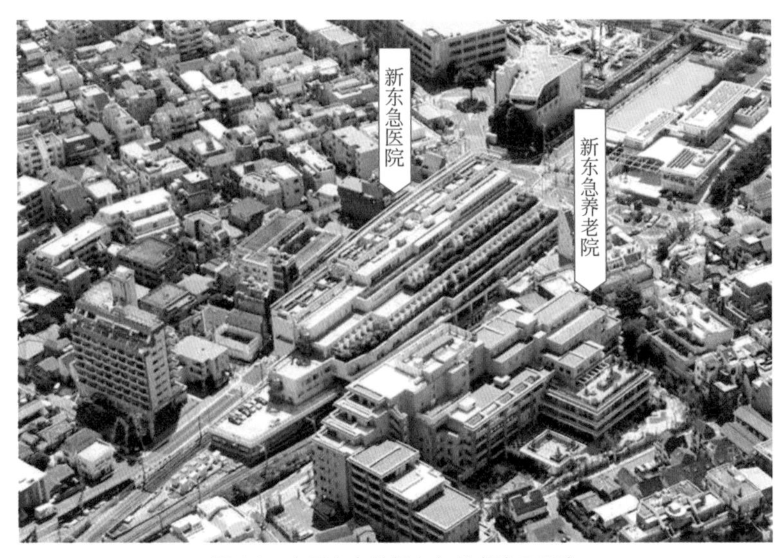

图 1.8　大冈山车站新东急养老院及医院

车站周边的公共资源、灵活运用地下空间、开发站前广场等模式，而是以“下一代郊外都市营造”模式来实现既有社区的维持与再生，通过政府、大学、企业、民众的联合协作来重建基础设施与住宅，以解决老龄社会的各种问题。

可以说，日本在其“站城一体化”发展中创造了多种值得借鉴的商业开发模式，包括车站商业、地下空间开发等，拓展了商业开发的选址范围及类型，非常具有参考价值。

1.4　欧美国家TOD开发——与城市更新的结合

在欧美国家，TOD开发在城市更新中扮演了重要角色。欧美国家的TOD与城市更新结合较为紧密，其开发主要呈现出两种类型，一种是大车站+生活枢纽，另一种是小车站+大街区。

1.4.1　类型一：大车站+生活枢纽

这种模式创造了含有交通、生活、购物、娱乐等多种业态的枢纽空间。以英国第二大城市伯明翰市中心的新街火车站为例，它已成为一座巨大的交通和生活枢纽，不仅容纳了铁路、轻轨、公交、出租、小汽车、自行车、步行等几乎所有的交通方式，同时还是一处集购物、休闲、娱乐为一体的目的地。在周边5～10min的步行范围内（400～800m），聚集了众多英国顶级的购物中心。车站二层的候车大厅也是一处共享大厅，设置有各种商业设施（图1.9）。这种大车站模式往往具有舒适、高品质的空间，空间开敞、视野开阔，且自然采光良好，给人以开放、愉悦的感受。

图1.9　英国伯明翰新街火车站（左图为外景，右图为候车大厅）

1.4.2　类型二：小车站+大街区

在欧美国家，TOD的另一个重要关注点在于，TOD不仅仅是某一个节点或一个项目，而是创造一个“社区”，因此对周边街区规划的关注，更甚于仅仅对一个车站的设计。在城市设计中会对原有的城市规划原则提出挑战，包括建筑退界、建筑的高度、街道的尺度及可达性研究。如强调行人、自行车、轨道的连通性和流动性最大化，一般较小的地块规划会更适宜，建议边长小于500ft[1]（约152.4m），总面积以3acre[2]（约12140.6m^2）最为理想（400ft×300ft，或121m×91m）。以美国科罗拉多州的丹佛市规划为例，该城市的16街商圈(16th Street Mall)在更新改造中通过与免费公交系统结合，形成了城市的名片——一条商业艺术步行街。街区两端是公交转运站，人们通过免费公交往返，同时街区内禁止其他机动车进入。该步行街全长近2km（图1.10）。该地区的城

❶ 1ft=0.3048m。

❷ 1acre ≈ 4046.86m^2。

图1.10 美国丹佛市16街商圈更新改造（左图为改造前，右图为改造后）

市设计对TOD核心区内的建筑都有明确要求，如门窗占建筑正面总面积的比例不小于40%；多些较小的开孔比一个大的开孔更好；正门应对着街道；楼宇离建筑红线的距离不应超过10ft（约3.05m）；等等。

1.5 我国的TID与TOD开发模式

1.5.1 TID开发模式

TID(transport integrated development)模式起源于20世纪70年代的香港地区，发展起于80年代，应该说早于美国在90年代提出的TOD理论。其与TOD的最大差别在于，更多地关注以交通枢纽为核心10～15hm^{2}范围内的二级开发，而TOD更关注基于城市片区范围的一级开发，涉及的土地用地可能达到50～200hm^2。因此前者更侧重于落地性、可建设性及经济收益与回报，后者更侧重于城市片区的总体规划和协调。当然，在笔者看来，TOD和TID在本质上是一致的。两者相互结合，是保证这类项目最终产生最大效益和价值的关键。

值得借鉴的是TID的基于全流程综合考虑的项目运作模式。这种运作模式需要一并计划前期的功能定位，中期的规划设计、交通整合、审批、土地挂牌，后期的施工建设，以及招商、运营等环节。因此，该运作模式不是单纯地做一个规划方案就可以了，而是完成一个带有可落地方案的商业计划书。TID开发最大的借鉴意义在于必须以商业运作的思维来看待TID的全过程，而不仅仅把它看作一个工程项目。

这就要求商业设计作为整个过程中的一个重要板块，参与到项目的全过程中。如在前期基础调研阶段，必须包含市场调研；在分析定位阶段，需对该项目的整体定位及商业的市场定位、规模定量做出判断；在开发发展阶段，即在总体的规划中，必须有可落地的商业设计方案，以及相应的财务分析。可见，商业思维及商业规划对于TID项目来说具有重要意义。

1.5.2 TOD开发模式

TOD理念的产生，刚开始是为了解决不同国家在其不同阶段遇到的城市问题。同样，我国在近年引入TOD开发理念也与我国城市自身发展的阶段和要求密不可分。应该说，引入这一理念，一方面可以TOD模式逐渐替代当前在我国大部分城市占据主流地位的圈层发展模式，有助于疏散城市中心人流，提升都市圈的发展潜力；另一方面，以基础设施的投资开发来带动城市经济的快速增长，能有效推动中国城镇化的顺利进行。

从这种意义上来说，TOD发展模式既可以引导我国大城市的“去中心化”发展，以多中心结构替代单中心结构，同时也可以使城市资源得到更有效的配置，实现“站、城、产”的一体化发展。

当然，也有专家指出我国目前的TOD开发很多还只是TAD（transit adjacent development）式的开发。所谓TAD就是交通站点附近的开发，或者说是交通站点预留与地块的接口而已，而并非区域与交通站点实现融合共建。通过交通站点与地块衔接使项目享受到人流和资源红利。当然，也有一部分是技术难度较高的地铁上盖项目，即所谓的TJD(transit joint development)，是项目整合公交站点的开发模式，是TOD中的一个微观节点，不足以涵盖TOD的全部开发理念。

其实从TAD到TOD，其中最重要的转变就是我国轨道交通与周边物业的发展需从独立发展的模式转变为联合开发模式。前者是早期传统的一级开发模式，即由轨道公司（区属国资或国资控股公司）开发，导入公共交通后，再通过土地招拍挂的方式出售已配套基础设施完善的“熟地”，这使得轨道建设的投入带来的收益有限。也正因如此，轨道交通与沿线物业开发相结合，进一步发掘轨道交通开发带来的外部溢价成为必要的途径。这种模式催生了“联合开发”(joint development)方式，政府和企业成为合作者，资金筹措与运营能力成为政府选择合作伙伴的重要条件。同时对政府部门自身也提出了诸多挑战和要求，比如突破一些机制上的限制和避免以往模式的误区，以更有利于促进联合开发目标的达成。

1.6 TOD与商业开发

1.6.1 商业开发提升TOD效益

TOD与商业发展具有共生共荣的关系。商业开发为TOD项目带来巨大效益。

（1）提升公共交通运力，发挥公交的最大效率

国内早先的一些地铁站在选址的时候，没有与城市开发及商业规划相结合，导致客流量极少，甚至时间长了杂草丛生，几乎废弃。与之相反，日本的许多地铁车站与周边商业物业充分结合，使几乎每个车站都能实现最大化吸引人流的目的，如日本东京新宿站与周边几十个街区都用地下商业通道相联系，出口数量达到200多个。反观我国许多地铁站在规划建设时仅预留街角4个出入口，大大降低了人流利用公共交通工具的便利性，也降低了公共交通的运营效率。

（2）促进步行，提升城市活力

TOD模式的原则之一就是提倡步行，而商业空间的设置可增加步行的便利性、舒适性和趣味性。商业动线在规划设计时首先要求的是连续性，减少尽端路，这一点对于打造流畅、连通的步行系统是十分有利的。

日本在规划许多TOD站点时，就提倡“回游”网络的设计。如二子玉川站的片区开发就设置了所谓的“1+N”回游路径。“1”为位于区域中间连通地铁站及二子玉川公园，并串联起居住、办公、商业等各个功能板块的“主”动线，该主动线全长约1km，与商业主街合二为一。另外，还设置了穿梭在其两侧的游步道，该游步道是回游路线的分支，用于丰富回游网络，同时有助于不同功能板块间的衔接，提供给人们丰富的环境体验，此即为“N”，是主通道与各个板块之间形成的蝴蝶结状的游步道（图1.11、图1.12）。

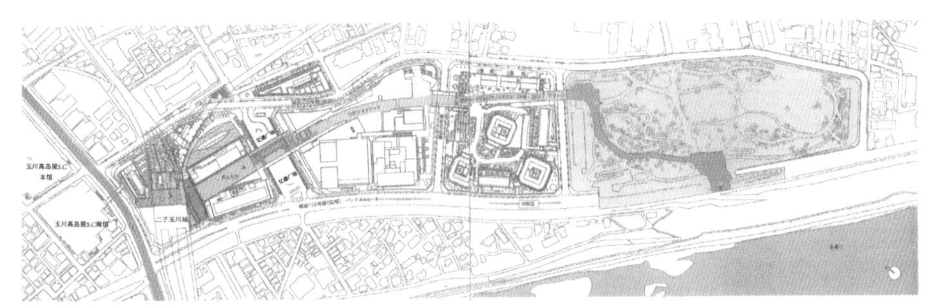

图1.11　二子玉川站片区开发总平面图

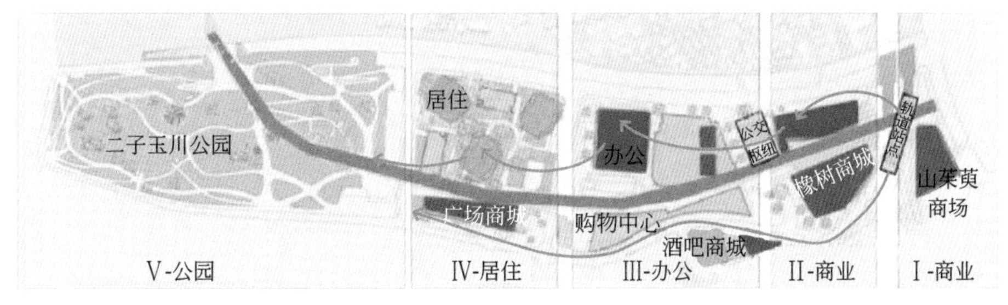

图1.12　二子玉川站片区的回游网络

又如日本最新的一个TOD城市更新开发案例——南町田站项目，其在2017年后的第二阶段整体开发规划中，专门设计了连通公园、广场、商业、车站的步行者回游网络。从车站下来后，人们可以感受到融入公园中的站前商业广场所带来的舒适宜人的氛围，很成功地实现了车站、商业、公园的一体化（图1.13）。

有研究发现，在城市密度较大、功能混合度高且步行可达性强的地方，其

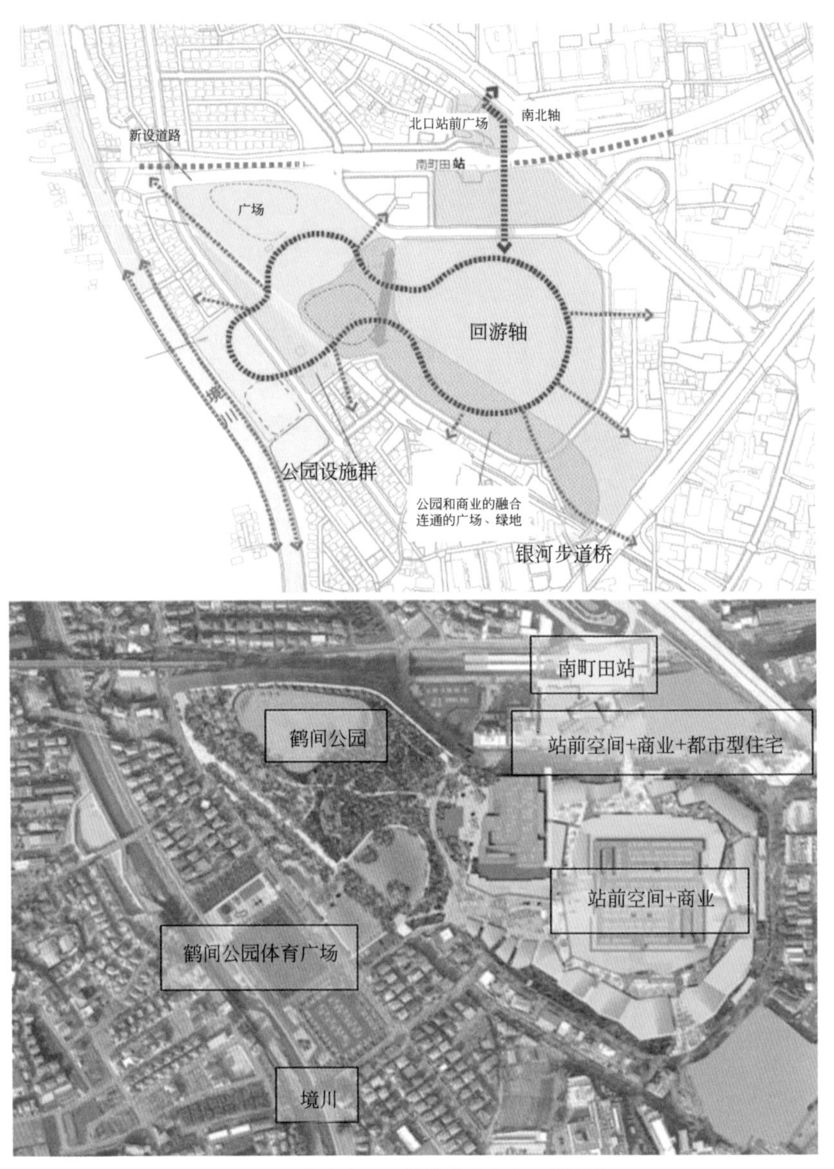

图1.13　东急南町田站前的步行者回游网络

城市活力也更高，而商业在促进城市功能混合和步行体验方面具有重要作用。近年来有一个新的概念叫作“步行指数”，该指数用于测量城市街道尺度的人性化以及街道上的体验丰富度。这个指数与城市密度，尤其是“良性密度”相关。城市土地学会（ULI）与城市转型联盟（Coalition for Urban Transitions)联合发布的新报告《支持智能城市开发：成功的密度投资》指出，在拥有良性密度的城市，获得更高房地产投资回报（风险调整后）的概率也更高。依笔者看来，良好的商业布局将有效促进城市“良性密度”的形成。

（3）商业提升 TOD 效率

TOD 项目中往往既有私有开发地块，也有城市公共属性的部分，比如地铁站及其附属空间、具有公共属性的地下空间（连接各个地块）。对于这些具有公共属性的功能设施来说，考虑从前期投资、开发建设到后期运营管理的闭环是相当有必要的，否则对政府来说，这将成为一个重大的“资产”包袱，而无法取得投资和收益上的平衡。这源于以下几方面的因素：

其一，TOD 项目一般从投资到回报的周期较长，据统计，一般要 15 ～ 20 年，因此考虑未来运营管理是此漫长周期中的必要一环。

其二，TOD 项目是充分利用挖掘公共交通枢纽对大人流量吸引潜力的项目。对于人流量大的物业来说，长远的收益回报比短期的销售利益要大得多。如果运营管理考虑充分，未来将迎来长期的物业增值和租金收益的增加。

商业规划需要在前期引入开发商用物业的开发商，并确定合作方式。这是保证 TOD 项目长久成功的必要条件。

（4）商业特色强化 TOD 特色

城市 TOD 的布局与发展，有助于城市多中心格局的形成和打破单中心的发展模式。TOD 在规划设计之初，还应考虑所处的城市区位、区域文化的差异，不应“千站一面”“千城一面”。而且，一个 TOD 要想获得长久的活力和开发的成功，就必须有差异化特点。以日本为例，很多 TOD 区域都有不同的特色：银座是以高端奢侈购物目的地为特色，涩谷是年轻时尚文化汇聚之地，新宿站是商业娱乐集中之地，二子玉川则是中产阶级家庭生活理想目的地。

这些 TOD 区域的特色大都与其商业特色有关。不同的 TOD 区域集中了不同类型的商业设施和业态。如二子玉川站有与之定位相匹配的茑屋家电、高岛屋百货等相关业态；而新宿站作为日本新 CBD 区域和商业娱乐集中之地，设有大量的商业娱乐设施，其中集中商业区位于交通枢纽站的核心区域（图 1.14）。

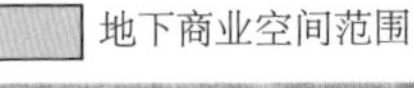

图 1.14　新宿站周边功能区域分布

另外，不同TOD区域的商住比例也会有所不同，在规划时要因地制宜。以东京23区为例，其商业占比为21% ～ 79%不等，体现了不同的商业能级差异。

1.6.2　TOD为商业开发赋能

TOD能够为商业开发赋能。TOD的开发对其周边物业价值具有重要影响，尤其是商业。经统计，在TOD的公共交通枢纽周围100 ～ 200m的核心圈内，商业可增值25%以上。因此，正由于其强大的引流能力，TOD项目往往成为商业选址的重要依据（图1.15、表1.1）。TOD项目带来的客群特点，TOD自身的差异化定位，都会影响其周边的商业开发。其影响体现在以下几个方面。

表 1.1　各增值区的平均增幅　　单位：%

增值区	住　宅	商　业	办　公
最大增值区	+30.6	+26.5	+20.4
显著增值区	+23.0	+20.2	+15.4
一般增值区	+17.0	+14.7	+10.1

（资料来源：戴德梁行《城市TOD对物业价值的带动》研究报告）

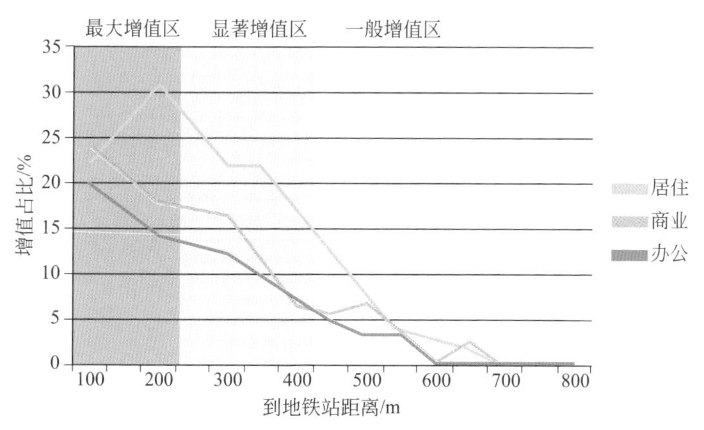

图1.15　深圳地铁一期工程站点周边区域不同物业增值空间

(1) TOD丰富商业业态类型

不同TOD项目周边的客流是不同的，除本地客流外，还可能会有通勤客流、旅游客流等。这对于其周边商业的定位具有重要的参考意义。一般而言，通勤客流、旅游客流或其他消费客流都有其特有的行为模式。比如，对于通勤客流较多的公共交通站点及与其相连的地下街，通常会在一般商业业态中融入通勤业态，如快餐、24小时超市、生活服务店铺等。TOD项目也催生了一些新的商业类型，如车站商业、公园商业等。车站商业的著名案例有日本大阪梅田车站内的LUCUA osaka，它是西馆LUCUA1100和东馆LUCUA的总称，集东、西两馆于一体，也是日本国内最大规模的车站型购物中心（图1.16）。

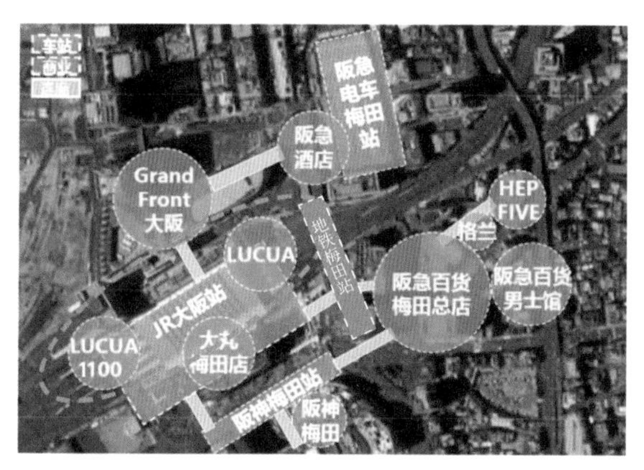

图1.16　大阪梅田车站周边的商业分布

（2）TOD影响商业定位

商业定位应充分考虑TOD定位的差异和特色。不同的TOD项目有不同的能级和影响范围。比如，有些TOD项目位于城市核心区的金融商务圈内，往往有多条地铁换乘；而有些TOD项目位于交通走廊上，通常为单一地铁站点，属于沿线型TOD项目。前者的能级比后者高许多，其周边的商业规模等定位也会有较大差异。美国非营利组织“重新连接美国”（Reconnecting America)的报告《站区规划：如何做TOD社区》，就曾将美国的TOD社区按主要功能分为中心型(center)、区域型（district)和走廊型（mix-corridor)。其中，中心型TOD社区以商业、办公为核心功能，居住为辅，具有明确的向心性；区域型TOD社区以居住为主，商业活动为之服务，区内开发强度相对均匀；走廊型TOD社区则是包含上述两种类型，沿交通线布局，并且为相互连接的多核心结构（表1.2）。对于中心型TOD社区，其商业能级一般可以定位成城市级商业中心，区域型、走廊型TOD社区的商业能级可相应降低。

表1.2　美国TOD社区分类与要素

项目	中心型				区域型			走廊形
	区域中心	城市中心	郊区中心	镇中转中心	城市邻里	郊区中转邻里	特殊用途或就业区	
平均容积率	≥3	≥2.5	≥2	≥1	≥2	≥1	≥1.5	≥2
新增就业区容积率	≥5	≥2.5	≥4	≥2	≥1	≥1	≥2.5	≥2
总居住单元数/万个	0.8~3.0	0.5~1.5	0.25~1	0.30~0.75	0.25~1	0.15~0.40	0.2~0.5	0.2~0.5
工作岗位数量/万个	4~15	0.5~3	0.75~5	0.20~0.75	—	—	0.75~5	0.075~0.150
综合型建筑比例/%	90	70	50	20	10	10	20	30
模型图								
案例	丹佛第十八大道斯托特车站、纽约曼哈顿第七大道车站	巴尔的摩查尔斯中心车站、休斯敦医学中心	埃文斯顿邓普斯特车站、马里兰银泉	旧金山苏逊-费尔菲尔德车站、波特兰希尔斯伯勒	波特兰西北第十四诺瑟普站、费城大学城	华盛顿首都山、圣地亚哥巴里洛根车站	巴尔的摩卡姆登车站、波特兰南部滨水区	奥克兰国际大道、明尼阿波利斯维多利亚站

注：模型图中粗线和细线分别表示主次交通线路，深色和浅色圆圈表示开发强度，两个圈层表示TOD范围与TOD核心区范围。

（资料来源：胡映东，陶帅.美国TOD模式的演变、分类与启示[J].城市交通,2018,16（4）：38.）

第2章

TOD商业开发特点

TOD商业开发与普通的商业项目开发既有共同点，也有不同点。作为商业项目，它们都应符合商业开发的基本逻辑，如商业动线的简洁性、合理性，空间尺度的舒适宜人性等，这是共同之处。不过，TOD商业开发又有一些特殊性。

2.1 圈层效应

与TOD交通枢纽的远近是商业选址的重要参考因素，因为对于商业开发来说，选址是第一位的。商业物业的价值对于该距离的敏感度是最高的。据统计，TOD周边100～200m范围内，商业可增值26.5%，办公次之。我们把公共交通节点服务半径200m以内的区域叫作核心腹地；500～800m以内，即步行8～10min范围内称之为直接腹地；1.5～3km则为间接腹地；约等于自行车和常规公交5～10min的行驶距离。我们讨论的TOD商业主要指位于核心腹地和直接腹地的商业开发。至于外侧间接腹地的商业开发由于受公共交通节点的影响较弱，与普通商业体开发几乎相同。

位于核心腹地和直接腹地的商业项目，在空间布局上往往具有以下特点。

① 在核心腹地中，商业开发以上盖或侧盖为主。如日本新宿站在枢纽站上直接建设商场来提升枢纽站的运营效益。图2.1为新宿东口上盖LUMINE EST商场。

图2.1　新宿东口上盖LUMINE EST商场

上海莘庄地铁站上盖综合开发项目也是一个较为典型的地铁和高铁线上盖项目。其在多条地铁和高铁线上方加盖了一个大平台进行二次开发。先拆除运营中的地铁换乘大厅上方的现有顶棚，再在站厅位置上加盖3层商业建筑形成商场（图2.2、图2.3）。结构采用了桁架吊挂形式。

需要注意的是，由于目前国内大量的轨道交通站都位于道路红线内，因此许多城市核心腹地的商业体还是以侧盖为主。

图2.2 上海莘庄地铁上盖综合体

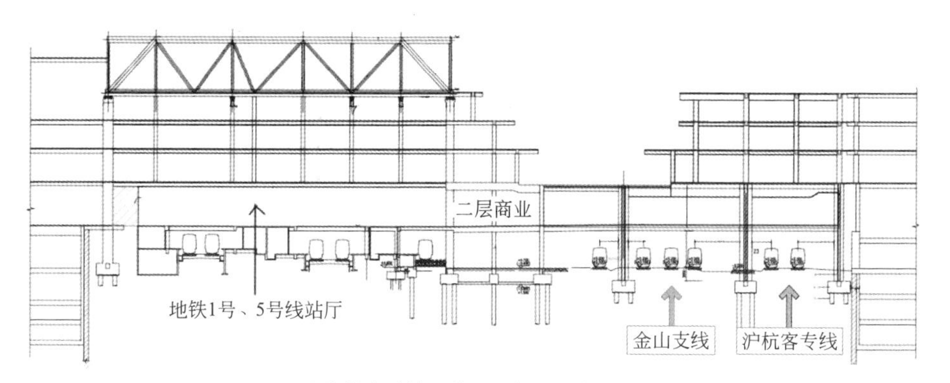

图2.3 上海莘庄地铁上盖西区商业区域南北向剖面图

（资料来源：AR精选/莘庄地铁上盖综合开发项目结构设计 www.archina.com）

② 在直接腹地中开发的商业项目，常通过地下商业街或空中连桥与公共交通节点相连。地下街的长度一般在步行5～10min的距离范围之内，大型的城市商圈在这个范围内也较易形成。以日本大阪梅田商圈为例，它是关西地区开发最早、体量最大的一个TOD商圈，含有7个轨交站点及数十个购物中心。但大阪梅田TOD商圈的形成并非一蹴而就，它经历了近百年的城市更新与发展过程，最早可追溯到1936年的地下街开发。大阪梅田TOD商圈不仅通过地下街连接各大型商业设施，还设置了多层次的空中步行系统以方便人们安全通行(图2.4、图2.5)。

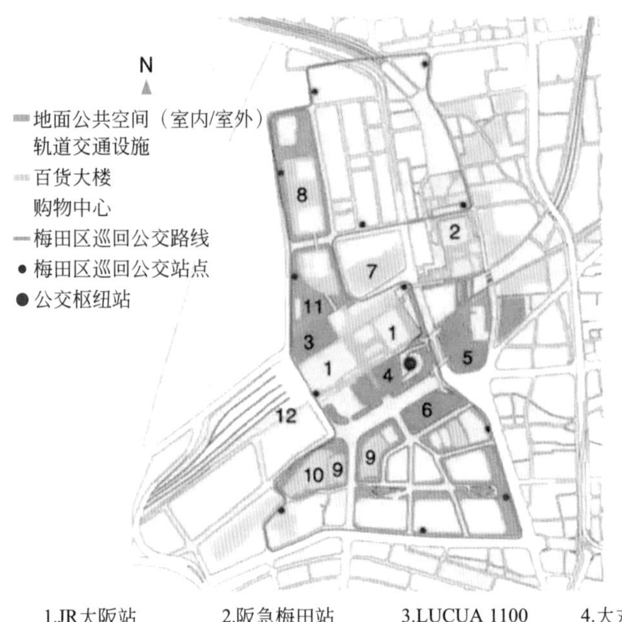

1.JR大阪站　2.阪急梅田站　3.LUCUA 1100　4.大丸梅田店
5.阪急百货　6.阪神百货　7.友都八喜梅田店　8.GFO综合体
9.希尔顿广场　10.荷贝城　11.梅北广场　12.梅三小路

图2.4　大阪梅田商圈空间规划

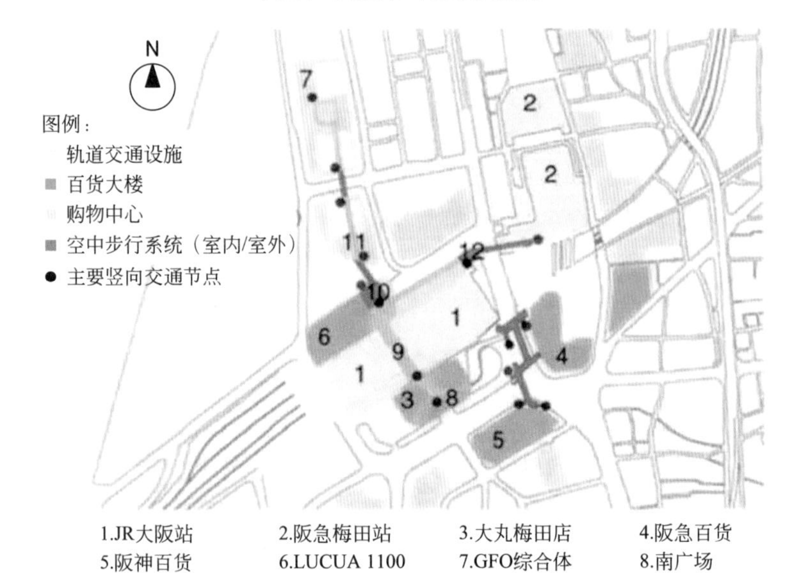

1.JR大阪站　2.阪急梅田站　3.大丸梅田店　4.阪急百货
5.阪神百货　6.LUCUA 1100　7.GFO综合体　8.南广场
9.南北天桥　10.中庭广场　11.创造之路　12.钟乐广场

图2.5　大阪梅田商圈空中步行系统

（资料来源：特色地产智囊，2019，《大阪梅田TOD商圈简析 商业地产》）

当城市核心区TOD交通节点距离较近（800m以内）时，地上、地下商业就有可能成为连绵一片。如大阪难波WALK，就是以地铁难波站为中心，东至地铁日本桥站，西连JR难波站，形成了总面积15000㎡、长715m的直线形地下街，含近250家店铺。地下街串联了3个地铁站——难波站（大阪御堂筋线）、四桥站（四桥线）、日本桥站（千日前线），还连接了难波火车站，内部分成3个区，满足了人们对日常快餐、便利生活服务等方面的需求（图2.6）。

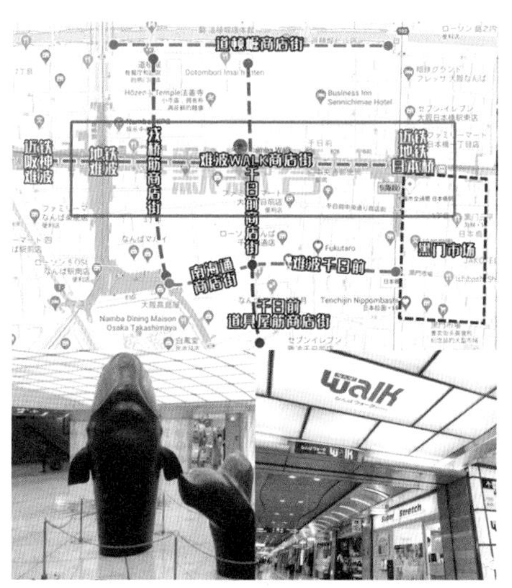

图2.6　大阪难波WALK

2.2　车站与商业的结合

TOD商业与车站枢纽往往关系密切。两者的结合一般会有两种模式：一种是上下叠加，另一种是相互包含和融合。

2.2.1　模式A：上下叠加

如今直接在轨交上方或车辆段上方建造的商业设施越来越多。如果商业设施能与轨交车站同步建设就会有较多优势，否则就可能受到高度、退距等多方面的限制。

与轨交设施上下叠加开发的商业项目有很多，如上海凯德·星贸商业广场就是直接落在地铁1号、12号、13号三条交汇线上方的项目，开发面积约10万平方米（图2.7）。还有在车辆段上盖的商业项目，如上海万象城。该项目总体量约53万平方米，包括购物中心、酒店、办公等功能。对车辆基地上盖商业，在车辆基地上方做大盖板，再在大盖板上建造商业、停车等设施是较为常用的技术措施（图2.8）。

图2.7　上海凯德·星贸商业广场

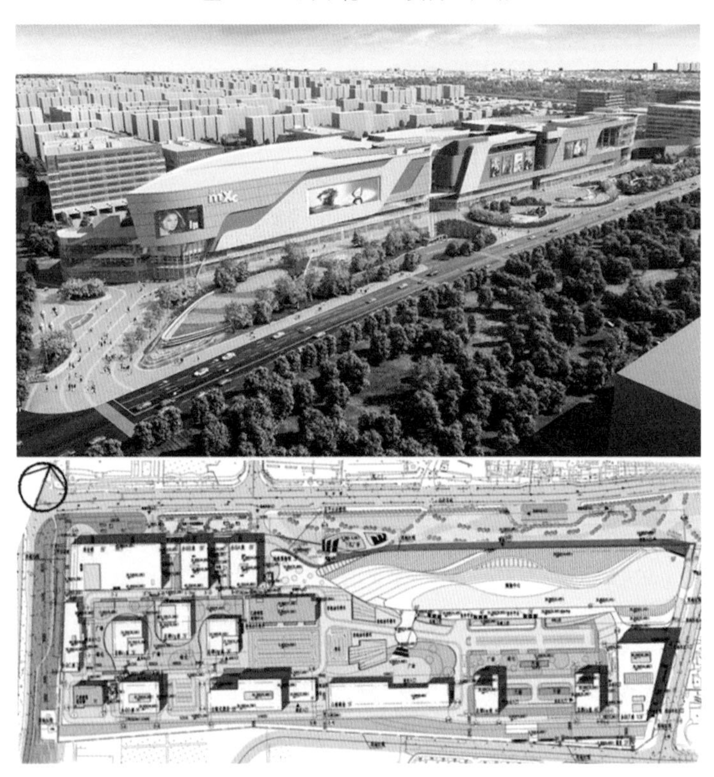

图2.8　上海万象城

对于无法结建的项目（即建筑与地铁车站无法共用结构），必须采用一种较为昂贵的梁柱系统来支撑建筑及跨越地下通路。如在英国伦敦布罗德盖特开发项目中，为了在铁路线路上方盖交易大厅，同时不影响铁路的正常运行，设计中采用了拱形桥梁结构（图2.9）。

图2.9　英国伦敦布罗德盖特开发项目

2.2.2　模式B：相互包含和融合

除了上下叠加外，还有一种更为紧密的联系方式，即车站与商业相互包含和融合。具体来说也有两种模式，一种是在车站中融入商业设施，另一种是在商业设施中设置车站空间。

（1）在车站中融入商业设施

国内公交枢纽车站中的商业常常作为配套，容量较少。相比之下，国外的很多车站内部设有大型商业设施，乍一看让人感觉不像一个车站，而像是到了一个大商场。如英国伦敦国王十字车站在做内部更新时，就加入了很多商铺，成为了极富特色的车站购物街区（图2.10）。日本京都车站也是一个非常典型的融入了大量商业设施的车站。它在当初规划时就确立了这样的目标——打造一个“能让旅客逗留的车站”，因此内部设置了丰富多样的商业设施。不仅有位于车站西楼从地下3层直到地上11层的伊势丹购物中心，还有分散型的商业设施The CUBE，主要以售卖当地特产的小店和一些时尚零售商铺为主。甚至还有一条空中餐饮街——位于11层的Gourmet街。除此之外，在站前地下区域还有Porta商业街，作为连接车站与市内地铁、大巴、出租车停车区的人行通道枢纽，其业态则以服务快消费需求的人们为主，包括各类快餐、简餐、美容沙龙、点心礼品等（图2.11～图2.13）。

（2）在商业设施中设置车站空间

在商业设施中设置车站空间，是城市空间和功能高效整合的集中体现。如日本横滨的皇后广场项目就是一个结合了“城市站台”的大型商场。港未来站的站台位于地下6层，其上方是一个通高的商业中庭，从地下6层直到地上2层，这个垂直的交通核将车站与商业整合为一体，并且内部用红色的自动扶梯标识出引

图2.10　伦敦国王十字车站内部的更新改造

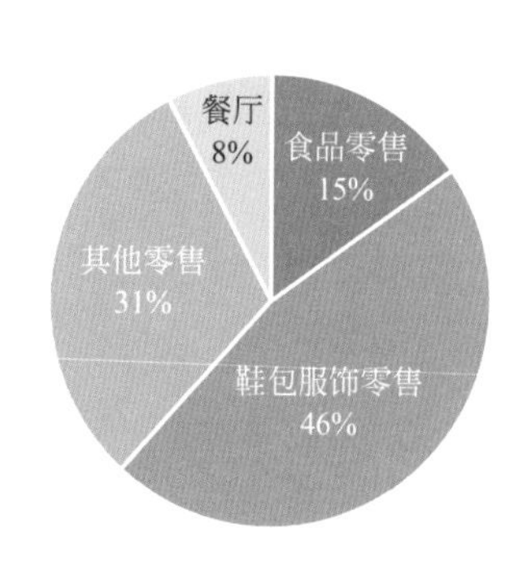

图2.11　京都车站里的伊势丹购物中心及其业态配比

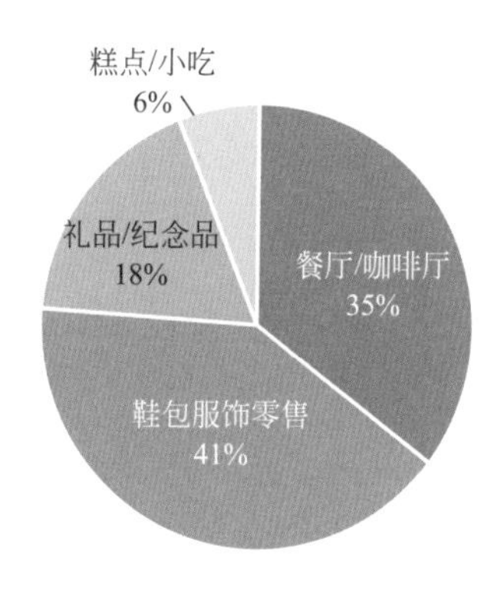

图2.12　京都车站里的The CUBE商业设施及其业态配比

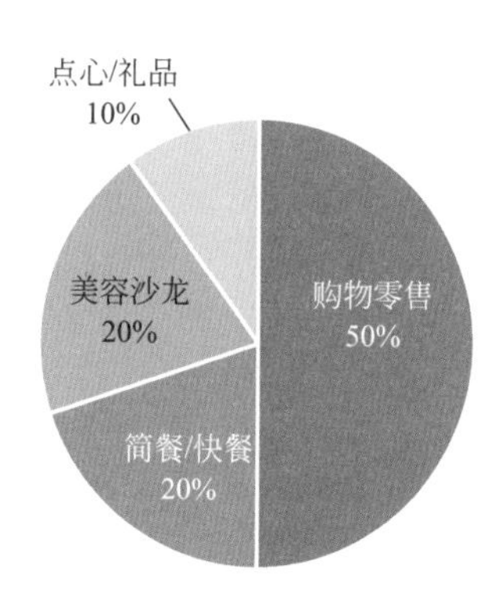

图2.13　京都车站站前的Porte地下商业街及其业态配比

（图2.10~图2.13资料来源：奇点智库）

人注目的竖向流线（图2.14）。无独有偶，日本博多车站也是一个在商业大楼中设置车站的案例。JR博多城内有阪急百货店，9楼设有博多影院、美食街等，车站屋顶上还有燕之森广场、城市展望台、铁道神社、水稻田等（图2.15）。

我国以前很少有在商业设施中融入车站的项目。现在随着“站城一体”理念在国内的引入与发展，也有些项目开始尝试将公共交通设施整合入商业设施了。比如上海地铁1号线莲花路站的开发，就是将车站搬进了商场，形成了一个带有地铁、公交设施的商业综合体（图2.16）。

由此可见，在TOD项目开发中，商业不仅成为多种功能的连接体，也是交通的载体，并成就了有城市活力的交通节点。

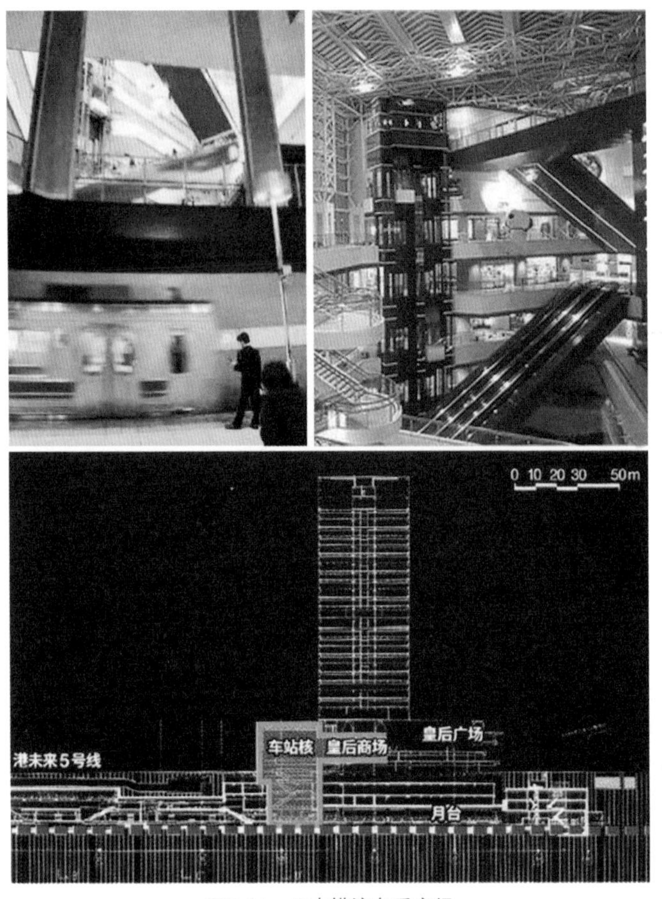

图2.14 日本横滨皇后广场

图2.15　日本JR博多城商业（左上为AMU PLAZA购物中心；右上为屋顶的神社；左下为屋顶水稻田；右下为天空广场的燕子电车）

图2.16　上海地铁1号线莲花路站结合地铁站厅层的商业综合体

2.3 业态特点

TOD商业在业态规划上与一般商业有着相同之处，如均以顾客的消费需求和消费特点为出发点，但由于其与TOD交通枢纽关系密切，因此在业态布局上还需考虑以下两个方面。

2.3.1 兼顾公共交通节点的能级定位

公共交通节点依据其连接的交通线路特点，可以分为三大类：通勤中间站、换乘站及目的站。

（1）通勤中间站

通勤中间站一般指城市公共走廊上的节点站或郊区换乘站，属于城市规划中的“多核、多心”节点，主要用以疏解城市中心区人口。此类TOD节点以居住为主要功能，辅以办公、酒店等业态。人口特征以居住人口为主，其次是当地产业人口，外加少量区域外来人口，因此在商业定位上也应以休闲生活类商业业态为主。日本二子玉川站购物中心坐落于著名的“睡城”——世田谷区，这里有大量的中产阶级家庭。该购物中心毗邻通勤地铁站——二子玉川站，这个项目的主力业态规划就非常符合休闲生活特征（表2.1）。

表2.1 二子玉川项目商业业态规划

类 型	分 区	主力业态
购物中心	Station Market	时装、生活杂货及配套
	Town Front	零售、生活家居、杂货、时装、餐饮
	River Front	潮流服饰、体育时装、鞋包、乐器、杂货、餐饮
	Terrace Front	餐饮、家电、生活家居、休闲娱乐
街区商业	山茱萸广场	时装、零售、餐饮、生活家居
	橡树商城	餐饮
	酒吧商城	生活服务
	广场商城	生活服务
	公园餐饮	餐饮

（2）换乘站

换乘站一般为公交走廊上多条线路的汇聚节点，位于市区，多为区域型节点。其客流以通勤换乘客流为主，有较多区域外来人口在此经过，商业、居住及产业办公的功能布局相对比较均衡。针对换乘站附近的人口特征，在业态布局时应增加为通勤换乘客流服务的“快消费”业态，而且此类业态主要集中于换乘枢纽周边，或是位于不同交通工具换乘的必经之路。

（3）目的站

目的站是多线交会节点，位于类似城市中央商务区或中央旅游商业区这样的城市核心区。核心区在功能配比上以办公、商业为主，居住为辅。一般而言，此种类型的TOD商业业态最为混合与丰富，具有较高的时尚零售和餐饮比例，且融合了文化、旅游、创意型业态，生活服务型业态比例相对较低。目的站类TOD节点分为两种，一种是以英国金丝雀码头为代表的中央金融商务区TOD开发，另一种是以日本六本木之丘为代表的中央商业旅游区TOD开发。两个案例的业态比较如表2.2所示，可供参考。当然，这里需要注意的是，在确定业态比例时，也要考虑不同国家消费文化差异的影响。

表2.2　英国金丝雀码头与日本六本木之丘的业态特点比较

项　目	英国金丝雀码头	日本六本木之丘
特征	占地39.25hm^2，总建筑面积超过230万平方米，三线交会	占地11.6hm^2，总建筑面积约75万平方米，三线交会
定位	中央金融商务区	中央商业旅游区
功能比例	办公：商业：其他=75 ：4 ：21	酒店：办公：公寓：商业=11 ：33 ：13 ：43
业态比例	零售：餐饮：便利店：休闲娱乐=43：24：25：9	百货零售：餐饮：影院：文化娱乐=22 ：2 ：1.5 ：6.5
特色业态	会务会展中心	露天剧场、美术馆、都市田园

2.3.2　综合布局地上、地下商业

在TOD商圈中，往往既有地上商业，也有地下商业，在业态布局上应考虑错位经营、优势互补。地上商业发挥较多的是综合服务功能，地下商业则应

图2.17　新加坡市政厅地铁站的来福士城

图2.18　地下街城联广场

注重联结功能，如此才能在商业定位、品牌选择上做出清晰布局。这里我们以新加坡市政厅地铁站的来福士城（图2.17）与地下街城联广场（City Link Mall)（图2.18）为例加以说明。

新加坡市政厅地铁站的地上商业——来福士城布局了餐饮、生活服务、美妆、休闲娱乐等业态，业态组合较为综合，且以目的型消费为主。而城联广场作为规模仅5600㎡的地下商业街，更多地在便捷高效这一定位上下功夫（表2.3)。精细的业态布局使顾客的步行时长从原来的5分钟延长至半小时。不同于来福士城以引入知名连锁品牌为主，城联广场引入了较多具有新奇感的初创品牌以吸引消费者。

表 2.3　来福士城与城联广场业态比例比较

业态构成	所占比例	
	来福士城	城联广场
购物百货	6%	—
休闲娱乐	4%	—
时尚零售	30%	43%
餐饮	37%	25%（以快餐为主）
生活服务	7%	22%
美妆	16%	10%

正是这样的战略定位及谨慎的品牌选择，才使地上商业与地下商业共存共荣、完美搭配。

2.4　公共空间

在 TOD 商业开发中，由于其所在城市位置的特殊性，常常需要融入较多的城市公共空间和设施。公共设施包括旅游服务设施，以及医疗、教育、文化设施等。

其中，公共空间的开发是最有魅力的，具体来说包括以下几种空间类型。

2.4.1　类型一：交通换乘“核”

交通换乘“核”也是城市活动之“核”。在多种交通方式连接和转换的空间中，植入商业，把各类换乘人流变为商业客流，有助于打造城市活力枢纽。柏林中央车站规划就是一个典型例子。在近 26m 高的玻璃穹顶空间中，集合了明快便捷的换乘空间以及各类商业设施，所有这一切均在一个大空间中清晰可见（图 2.19）。又如纽约世界贸易中心车站设计，2016 年新设置的车站属于 WTC 交通枢纽站，其地下一层既是商场，也是各种人流的交会点，在这里还能很方便地到达博物馆等公共设施（图 2.20）。

图2.19　柏林中央车站内部

图2.20　纽约世界贸易中心车站

2.4.2　类型二：城市步行通廊

TOD区域开发常常强调公共交通枢纽与城市的融合，因此会设置各类城市步行通廊连接各个地块。这些步行通廊包括地上开放式步行街、地下街、空中连廊等。

如日本京桥江户大厦在更新与再生过程中，就将地下一层与东京地铁银座线的京桥站相连，并在其上方新老建筑之间建造了一条城市步行通廊，中间设置自动扶梯，一方面与地下一层的检票口相通，另一方面也连接着办公空中大堂。这条贡献给城市的步行通道为市民提供了舒适惬意的日常休憩空间（图2.21）。

图2.21　日本京桥江户大厦城市步行通廊

2.4.3　类型三：多维度广场

在TOD开发中还会设置多种类型的城市广场，从站前广场到下沉花园，甚至是为商业和交通人流共享的屋顶花园、观景平台等。这些广场既是交通集散点，也是商业节点。以日本涩谷站街区为例，涩谷站大厦将4层、10层的屋顶层均打造为城市公共空间，人们可以在这里俯瞰城市最繁忙的十字路口景象及东、西口站前广场。其中10层屋顶广场设有国际交流设施，4层屋顶广场则设有高新技术发布会场（图2.22）。

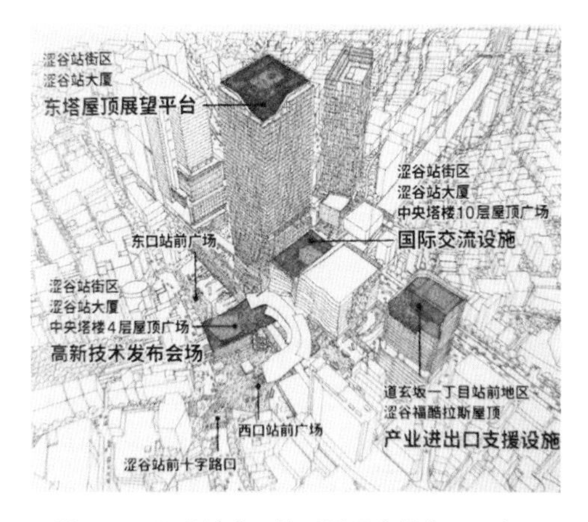

图2.22　涩谷站中心地区屋顶广场布置示意图

（资料来源：日建设计站城一体开发研究会.站城一体开发Ⅱ：TOD46的魅力[M].沈阳：辽宁科学技术出版社，2019.）

2.4.4 类型四：公共文化设施

在TOD商业开发中融入多种城市公共设施并不鲜见，这些实施可以是音乐厅、剧场、博物馆、图书馆等。例如，日本涩谷未来大厦在其180m的高层建筑中插入了剧场设施（位于13～16层）；东京六本木之丘项目则将音乐厅、电影院设在了地下。

2.5 停车配置

在TOD商业规划中，尤其是与公共交通枢纽节点紧密相连的商业体，可在停车配置上考虑做“减配”处理。有研究显示，公共交通枢纽处的商业停车需求量可减少至少20%～25%。以美国一些TOD社区为例，其在商业办公停车需求上，相较于同地区传统开发项目在停车需求量上做了不少的减配（表2.4）。这种做法在规划TOD商业项目时值得借鉴。

表2.4 美国部分TOD社区停车需求减少量统计表

TOD项目	土地利用类型	停车需求减少量
Pacific Court(加州长滩市)	零售商业	60%
Uptown District（加州圣地亚哥市）	商业	12%
Pleasant Hill（加州）	零售商业	20%
Rio Vista West（加州圣地亚哥市）	零售商业	15%
Lindbergh City Center（佐治亚州亚特兰大市）	零售商业	26%

（资料来源：鲁亚晨.TOD社区停车需求研究[D].南京：东南大学,2006.）

第3章

TOD商业开的模式与关键点

随着TOD理念的引入，商业开发开启了公共交通设施与房地产紧密结合的新时代。房地产与公共设施“联合开发”的模式研究是在这个时代应被关注的重点，主要反映在两者如何相连或整合的关系处理上。目前国内各地的地铁集团承担着地方地铁投资、开发及运营工作，如上海申通地铁资产经营管理有限公司、武汉地铁集团有限公司、深圳市地铁集团有限公司等。这些地铁集团或者拥有铁路车辆段、站点、线路的选址和开发权利，或者通过土地招牌挂、土地协议出让等方式获得相关宗地，而成为公共交通运输设施的投资建设主体。而所谓的“联合开发”，正是此类政府性质的公共资源与私人开发的结合。这个结合体现在成本收益、工程建设、运营管理等多个维度上。

3.1 TOD商业开发的三种模式

联合开发模式在工程建设上首先表现为空间关系。借用美国城市土地协会在《联合开发——房地产开发与交通的结合》一书中提到的理念，笔者将TOD商业开发的模式分为紧邻联合开发、空间权联合开发及区域联合开发三种。三种开发模式的特点如下。

3.1.1 紧邻联合开发模式

私人开发土地靠近公共交通设施，主要通过通道与之连通。这类项目在国内地铁发展的早期较多，由于大部分地铁线路和站体选择在城市道路下方，因此其与周边地块主要通过地下通道相连，如图3.1（a）所示。

3.1.2 空间权联合开发模式

交通系统穿越项目的上下方，如图3.1（b）所示。这样不仅加大了工程难度，而且也需要更多合作协议和协调工作。此类项目在侵入私有地块用地红线内的线路或站点，以及铁路车辆段开发中较多。这些项目不仅在技术上有诸多挑战，还要求开发者前期在开发模式上有更多的思考。以深圳地铁集团的轨道与物业综合开发实践为例，项目采用了自主开发、代开发建设、协议型合作开发、法人型合作开发、代开发+BT（建设-移交）融资建设、协议合作开发+BT融资建设等多种开发模式，每种开发模式都有其利弊（表3.1）。

3.1.3 区域联合开发模式

区域联合开发模式综合了上面两种开发模式的特点[图3.1（c）]，是结合交通枢纽节点进行的多地块或片区式开发。此类项目相较于前两种复杂性大大增加，而且往往要求在前期规划阶段就要以导则、控规图则、综合约定等形式进行整体把控。此类项目的开发主体往往是政府，并结合了一级开发操作手段。

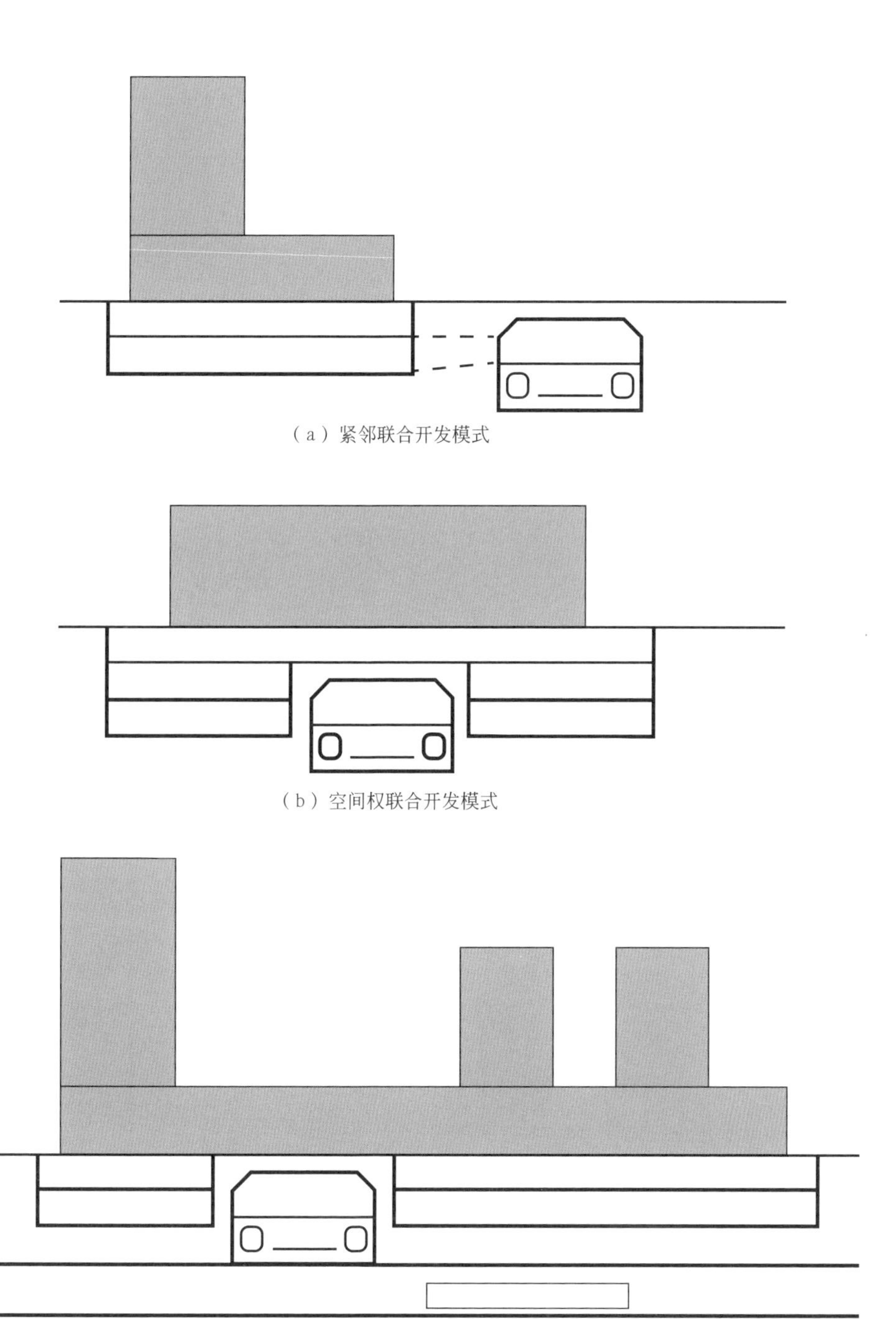

（a）紧邻联合开发模式

（b）空间权联合开发模式

（c）区域联合开发模式

图3.1　三种TOD商业开发模式

表3.1　轨道交通综合开发模式

开发模式	概　念	优　势	劣　势	案　例
法人型合作开发	股权合作 ①将宗地注入项目公司，土地权属转移至项目公司 ②通过公开招标选择合作方，共同投资项目开发建设，项目公司相对独立决策，法人治理结构，风险由项目公司独立承担 ③销售利润和持有物业按股权分配，共同运营管理项目	①提前回笼部分资金 ②产权清晰、权责明确，后续管理运作相对简单，模式成熟 ③借助合作方实现品牌溢价	①涉及土地和国有企业股权转移两个审批流程；确定合作伙伴的时间较长 ②土地注入项目公司造成税费较重 ③双方税负水平均等，企业所得税无筹划空间	塘朗车辆段（深业地产）
协议型合作开发	协议合作 ①通过公开招标选择合作方，签订合作开发协议，按契约管理。土地权属不发生转移 ②委托合资公司操盘，项目公司在双方授权范围内决策，风险由轨道企业承担，合作方间接承担 ③利润按协议分配	①合作方通过投资获取最大利润，积极性高 ②轨道企业分散了风险，土地权属无需转移，较法人型合作税负较轻 ③有较大企业所得税筹划空间	①该模式下持有物业双方长期合作，产权需按约定比例和时间过户给合作方，存在一定税负风险 ②竞标获得合作权益时溢价部分难以计入开发成本，土地增值税负担较重	横岗车辆段（振业集团）
代开发+BT融资建设（三方联合方式）	代建+BT ①轨道企业通过招标确定合作方（由代开发+BT建设组成联合体），其中代开发方为牵头方和项目管理者；BT方为施工总承包方，并负责BT建设工程内约定部分的融资工作，中标后成立项目管理公司 ②项目以轨道企业名义进行开发，合作方输出轻资产管理，收取管理费；BT融资建设工程收取固定投资回报和资金占用利息	①无土地产权转移税负，符合政府“封闭运作”的要求 ②代建方带来项目品牌溢价和工程管理水平提升 ③利用BT方的融资能力缓解资金压力 ④与单BT模式相比，有较大的企业所得税筹划空间	①模式吸引力不够大，合作方以品牌输出、人力资源输出模式获取代建服务费，多发生在房地产市场下行周期 ②轨道企业需单独持有经营性物业，承担开发风险	前海车辆段（中信、九龙建设）
协议合作开发+BT融资建设	协议开发模式+BT ①土地权属不发生转移，轨道企业通过招标确定开发单位，开发商与BT承包方组成联合体应标 ②轨道企业与联合体按照协议确定责权利。销售利润和持有物业按协议进行分配和共同持有经营	①以轨道企业名义开发，无土地产权转让税负 ②与合作方共同投资，共担风险，利用合作方的实际操盘经验和品牌获取溢价收益，分散了持有物业的经营风险 ③利用BT方的融资能力缓解资金压力	①引入合作方后，稀释了项目实际开发收益 ②合作管控风险加大	红树湾上盖物业（万科、中建）

注：BT（Build-Transfer），即建设一移交，是政府利用非政府资金来进行非经营性基础设施建设项目的一种融资模式。在这种模式下，企业与政府签约设立项目公司，以阶段性业主身份负责某项基础设施的融资、建设，并在规定时限内将竣工后的项目移交政府。这种做法的优点是风险小、收益高，可吸引国际资本投资，加速技术转移等；缺点是政策容易发生变化，需要较高的政府信用担保，还有融资困难等问题。

[资料来源：同创卓越，2020，《轨道交通综合开发模式（下）深圳地铁集团开发模式实践》]

综上所述，三种开发模式的特点可总结如表3.2所示。

表3.2 三种TOD商业开发模式特点

开发模式	特点
空间权联合开发	此种联合开发通常与交通设施紧密结合在一起，包括交通系统上、下方的穿越，需要更多的交易和计划来帮助进行，还有施工协调，包括空间权和穿越权的相关协议
紧邻联合开发	靠近交通设施，并且与之相连，但不位于设施空间的上、下方，一般公私交易较少，主要考虑通道和相关工程协调
区域联合开发	在城市区域或副中心周围结合交通改良方案，通常包括较大的范围和各种不同类型的建筑体

3.2 开发中的关键点

无论哪种联合开发模式，有四个关键点是必须要考虑的。这四个关键点分别是开发时序、投融资模式、运营管理界面以及媒介与手段。

3.2.1 开发时序

公共交通枢纽与商业开发在时序上不外乎三种：一是交通节点先于商业开发；二是商业先于交通节点开发；三是商业与交通节点同时开发，也称之为一体化开发。这三种开发时序再与上文提到的三种开发模式相结合，就会出现多种不同的情况。前两种情况需要考虑的是地铁与商业不同步可能会造成商业地下空间的距离退让及接口预留的问题。一体化建设使得地铁站体与地下空间的接触由过去常见的“点”接触（通道或出入口连接）变成“面”接触。在TOD商业项目中，如果能实现一体化同步建设当然是最理想的，但有时商业建设与地铁开发的时间不一定能同步，这时为未来的无缝衔接做好工程预留就变得尤为重要了。

3.2.2 投融资模式

商业发展尤其是地下商业开发，作为城市轨道交通项目的衍生收益，将进一步拓展此类项目的投资收益空间。大部分城市轨道交通项目具有项目权益边际效应大，且资产保值增值能力强的特点，适合采用一定的市场化融资方式。尤其是采用一定的公私合作模式，即PPP模式，引入社会资本共同开发，共担风险，同时能“让专业的人做专业的事”，提高公共产品供给效率。

对于站点TOD商业项目（如地铁项目上盖物业开发），地铁公司与成熟的商业地产公司合作是一种较好的模式。如万科通过与深圳地铁集团的合作，成功参与了深圳红树湾项目开发。红树湾项目位于深圳市中心区最优质地段，这一项目也被视为万科转型城市配套服务商的标志性项目（图3.2）。该项目采用BT融资的开发模式。

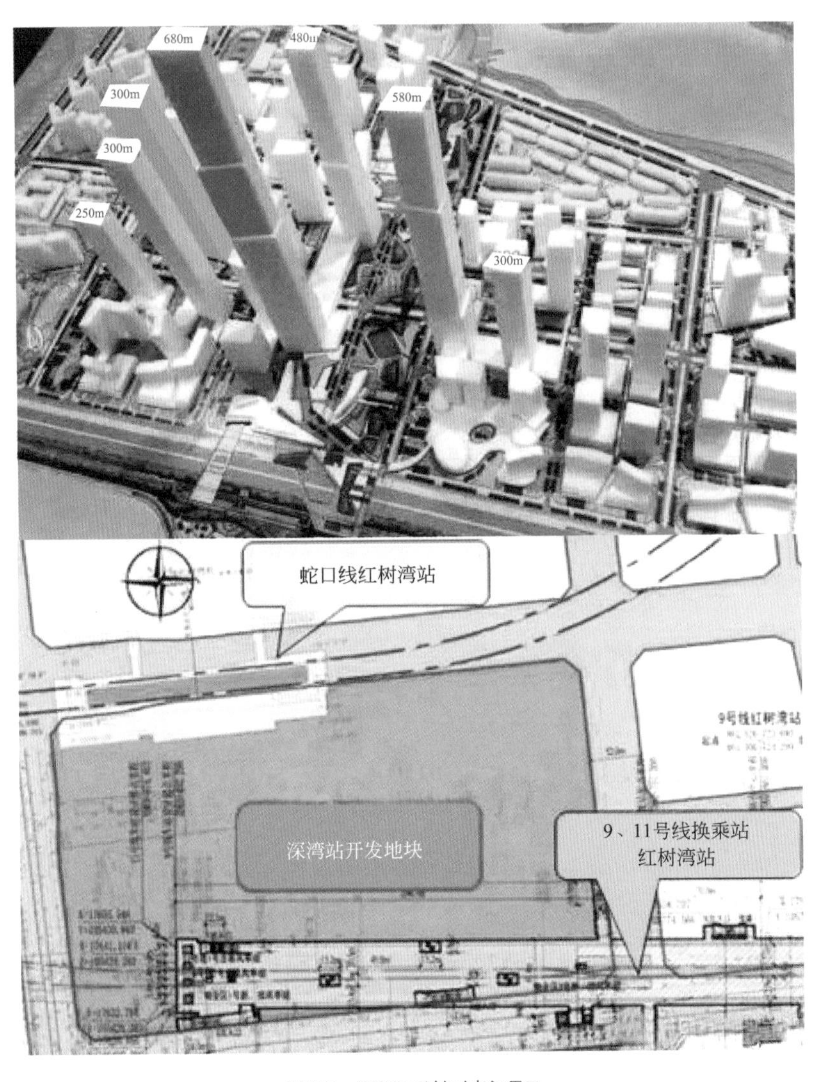

图3.2　深圳万科红树湾项目

对于区域性TOD商业开发项目，实现TOD附近商业地产地上、地下的联动开发是一种较好的方式。国内片区式地下商业开发在先期具有城市区域公共服务性质，前期建设通常由政府主导，较容易形成一定的规模，且配合市政设施形成一体化建设。政府多选择与各地铁的开发主体成立项目公司，地上、地下统一联动开发，同时有实现地上土地收益补贴一部分地铁和地下商业先期投资的可能性（图3.3）。

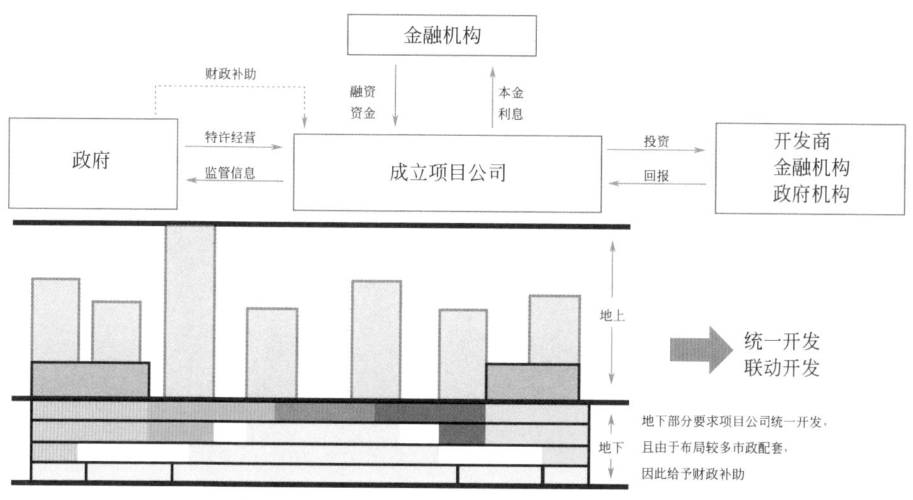

图3.3　政府与开发主体成立项目公司以实现地上、地下统一联动开发

3.2.3　运营管理界面

在TOD商业项目中，不仅仅有私人开发商所投资建设管理的商业部分，也有大量具有公共属性的商业空间兼作步行空间的部分，如地下商业街、空中步行连廊等。这些空间涉及权属及运营管理界面的问题，这些问题都需要在最初的规划设计和协议制定上做好研究。比如对于地块红线内地上商业建筑范围内的地下商业部分，如果不必全天候向公众开放的话，则可以采用地上、地下统一的产权和运营方式。而对于需要形成为公众开放的免费通路的地下街或空中连廊，则要在一开始就做好充分规划。如加拿大蒙特利尔市波纳文图尔广场地区的人行通道规划中，设计了从地铁站到波纳文图尔广场的免费通路，在地铁经营时间内，保证免费开放给大众使用。蒙特利尔市为通路的转让和施工，支付了约21.2万美元，并支付CNR车站象征性的1美元作为共同通路的费用。波纳文图尔广场所有人则付

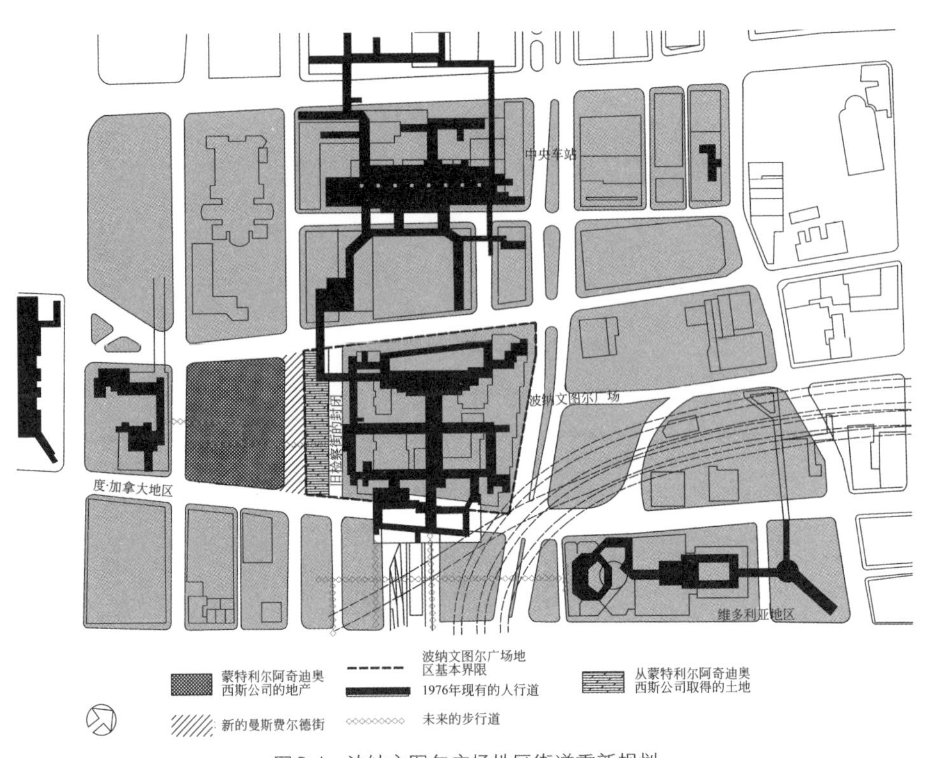

图3.4 波纳文图尔广场地区街道重新规划

（资料来源：美国城市土地协会.联合开发：房地产开发与交通的结合[M]. 郭颖，译.北京：中国建筑工业出版社，2003. ）

给蒙特利尔市使用“通道”的租金，该部分既是人行通道，也是商场（图3.4）。

当然，在这个过程中，政府应拟定奖励办法以鼓励私人开发者提供地铁车站、铁路站和大型停车场等公共交通之间的连接通道，以连接该城市区域的主要空间。

对于大体量的地下商业空间来说，在运营上也可以拆分为若干块，引入不同的运营商，一般每一块最大规模宜控制在20万平方米（建筑面积）以内。需要注意的是，在地下商业体项目中，租金收入不是第一位的，物业增值才是最重要的。

3.2.4 媒介与手段

在TOD商业开发的过程中，常采用两种手段，一种是规划手段，另一种是法律协议手段。在国内，常常通过控规层面对地铁与私人地块的衔接、地下空间系统或空中步行连廊系统做出相应的规定，以便于后期的深化实施。另一种是在梳理产权、管理、运营界面上采用协议方式。协议中会对土地权利、租金租约、施工条件及协调措施、履行义务等方面做出具体规定。

3.3 难点分析

在TOD商业开发的过程中需要克服一系列难题，包括实现空间价值最大化的可建范围设定、一体化建设问题，以及消防、震动减噪等问题。

对于公共交通设施来说，为了满足安全保护和正常运营等要求，常需要退界。如根据轨道交通管理办法，安全保护区范围包括地下车站（含地下通道），隧道外边线外侧50m之内，地面车站、高架车站及线路轨道外边线外侧30m内，车站出入口、通风亭、变电站、跟随所、冷却塔等建筑物（构筑物）、设备外边线外侧10m内，等等。运营单位根据以上规定及实际情况编制安全保护区设置方案，报市规划国土部门审定后向社会公布。在实际操作中，地铁轨道区间往往侵入私有地块用地红线内，或与私有地块用地红线贴临布局，在两者施工时间有先后的情况下，如何最大化地保证有效建设范围（主要指地下）、减少不必要的退让同时保证地铁运行的安全性，无疑是一个需要解决的难题。这些都与地铁埋深及建设项目地下室的埋深等情况密切相关（图3.5）。

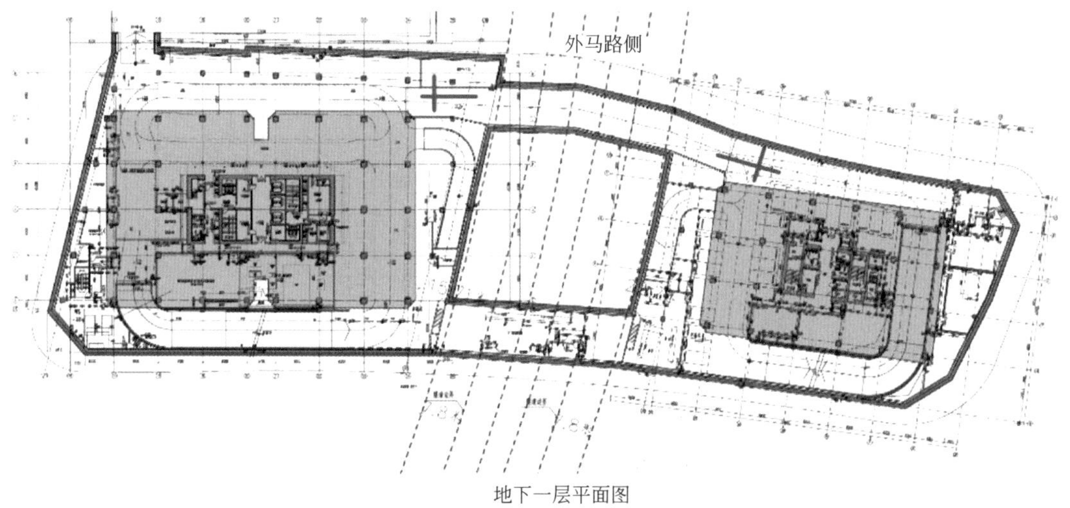

地下一层平面图

图3.5

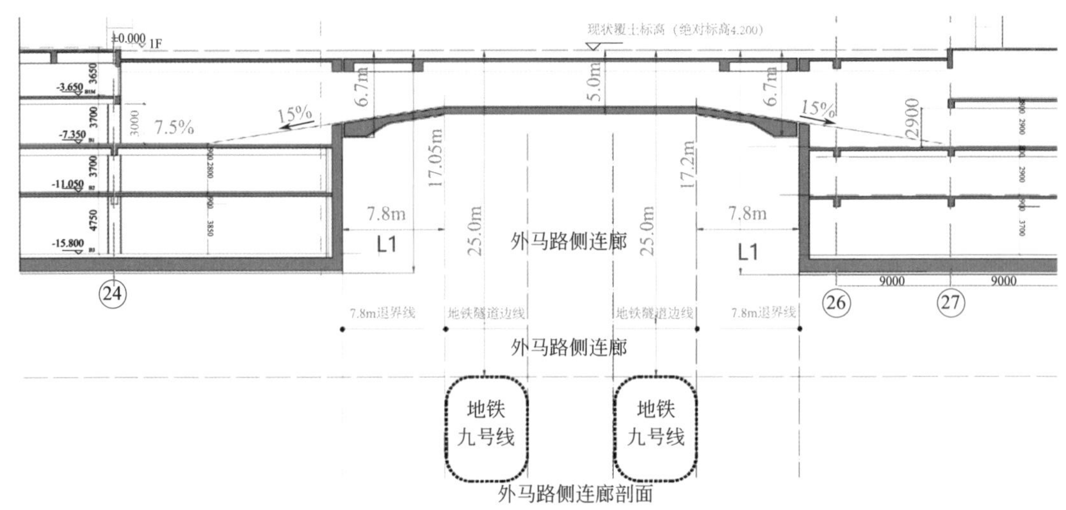

图3.5　上海外马路某项目地下室上跨9号线运营区间

在日本的许多地下空间开发中，我们可以看到由于采用一体化建设方式，地下空间与地铁设施几乎是贴临建设的（图3.6）。另外，日本也有一些商业街是利用地铁站厅层上方的空腔来设置的。日本札幌地下商业街就是在城市道路下方以及地铁轨道线路上方设计的地下商业街（图3.7）。从消防角度来说，地铁站厅站台与普通民用建筑采用的消防规范有所不同，物业开发应与车站空间有消防分隔，并划分为独立的防火分区。随着地下商业及地铁设施一体化开发的需求增加，如何有效保证地铁与商业的消防安全成为重点及难点问题。日本涩谷站的涩谷未来之光地下商业与轨交站之间的设计处理较有借鉴价值，如其地下商业延伸到地下3层，并在地下3层站厅与商业大楼之间设置了一个通高空间，直到地面4层。这个空间成为了一个轨交站与商业楼之间的防灾缓冲带，同时可以实现自然采光、排除铁道设施废热等作用。在国内连接地铁的商业项目开发中，下沉式广场的设置也可起到防灾缓冲的作用（图3.8）。

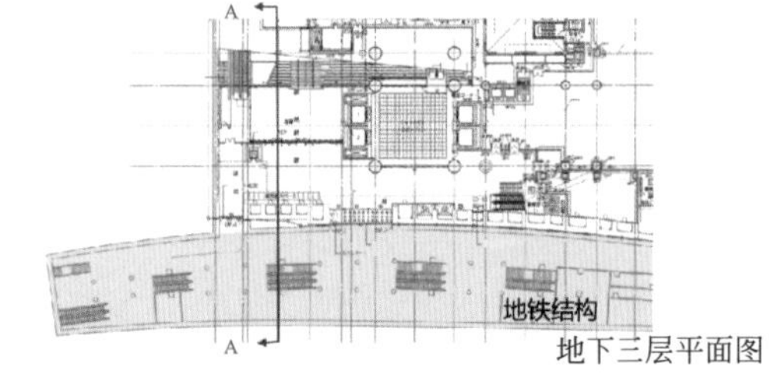

地下三层平面图

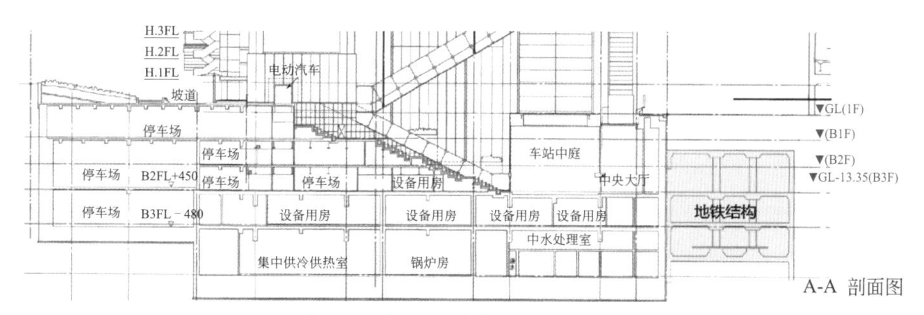

图3.6　地下空间与地铁设施贴临建设案例——日本泉花园

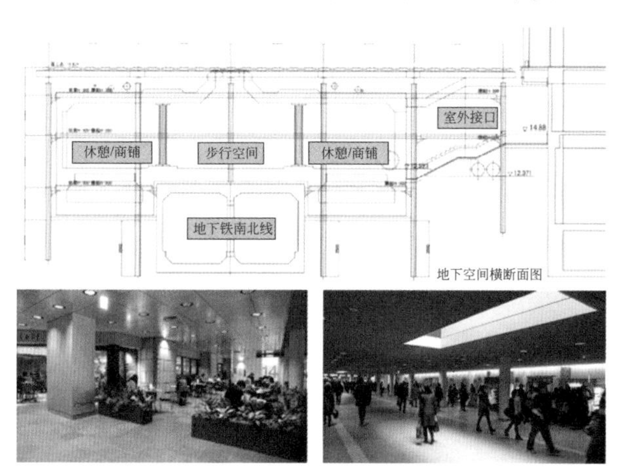

图3.7　日本札幌地下商业街

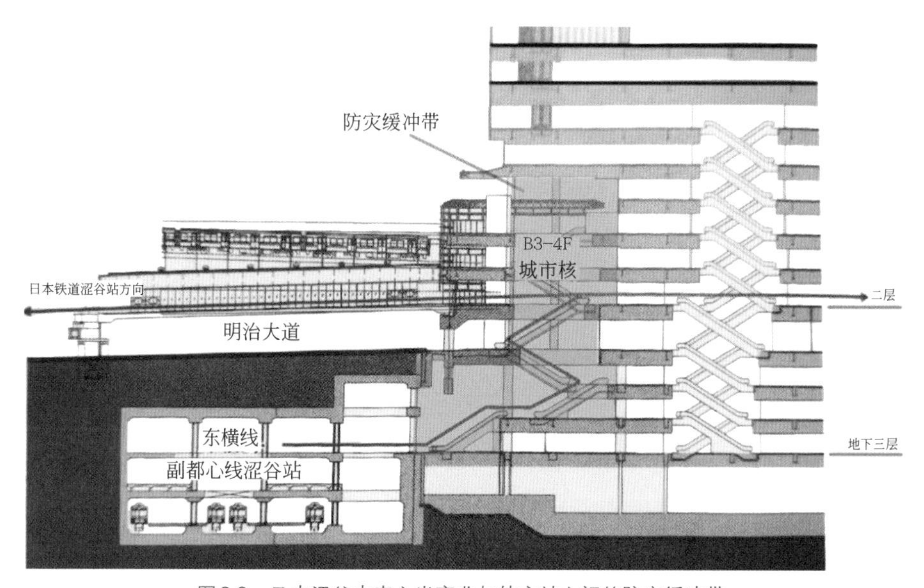

图3.8　日本涩谷未来之光商业与轨交站之间的防灾缓冲带

对于地铁上盖建筑，怎样减少地铁对建筑物的震动噪声等方面的影响也很重要。这需要在地铁的轨道、机车上采取新型减震手段，如采用防震型钢轨，在机车车辆上使用新型减震器等。对于因地铁风机、冷却塔引起的噪声，也应采取及时有效的措施。如使地面风亭、冷却塔远离敏感功能区，或是在风机两端设置消声器，对冷却塔做整体消声围护等。这就需要在项目规划设计之初，与地铁建设单位做好相应的沟通与协调工作。

3.4 开发风险

在一些区域型TOD商业开发项目中，不可避免会有一些公共性的空间或权益需要满足。在这种情况下，有必要借鉴欧美国家的联合开发操作经验，政府或官方机构为私人开发承担一定的风险，这样才能在联合开发中达到公共目标，否则这些风险可能会使私人开发商的参与热情降低，甚至萌生退意。

另外，在联合开发中选择专业的管理公司来运营也非常重要。具有成熟的经营商业地产的技能，对于项目未来的成功经营至关重要。而且关于开发项目中商业部分的专业经营应该从一开始就予以确定，公共机构与私人开发商在项目中的责任边界也应在一开始就划分清楚。

第4章

紧邻联合开发

紧邻联合开发是指私人开发土地靠近公共交通设施，只通过通道与之连通的一种开发模式。这种开发模式在我国地铁发展早期较为常见。该模式的产权关系较为清晰明确，因此是三种模式中复杂度相对较低的一种。

我国的地铁线路往往优先敷设在道路红线内，以避免或减少对道路两侧建筑物的干扰。地铁线路偶尔也会偏离红线进入私有建筑地块内，这时应统一规划并做特殊处理。在紧邻联合开发中，私有地块与地铁连通的位置和方式首先取决于地铁线路和站位的空间布局。

4.1 空间布局

4.1.1 线路平面位置

地铁线路的平面位置包括地下线、高架线及地面线三种类型。其中较为常见的是前两种，即地下线和高架线。地下线又分为三种布局形式（图4.1），具体如下。

（1）地下线位于道路中心线下方

地下线位于道路中心线下方的最大优点在于对两侧私有建设地块的影响较小，且地下管网拆迁较少；而缺点在于当采用明挖法施工时，会破坏现有道路路面，不同程度地干扰城市交通。

（2）地下线位于慢车道和人行道下方

地下线位于慢车道和人行道下方，这种布局能减少对城市交通的干扰以及对机动车道路路面的破坏。

（3）地下线位于建设用地红线内

地下线位于道路红线外，但在建设用地红线内，这种方式对于现有城市道路及交通无破坏和干扰。

对于以上的第二和第三种情况，若地铁先建的话，地下室和地上建筑与地铁应保持一定的退距，因此地铁保护范围往往会侵入建筑用地内，对实际的建设用地范围造成影响。

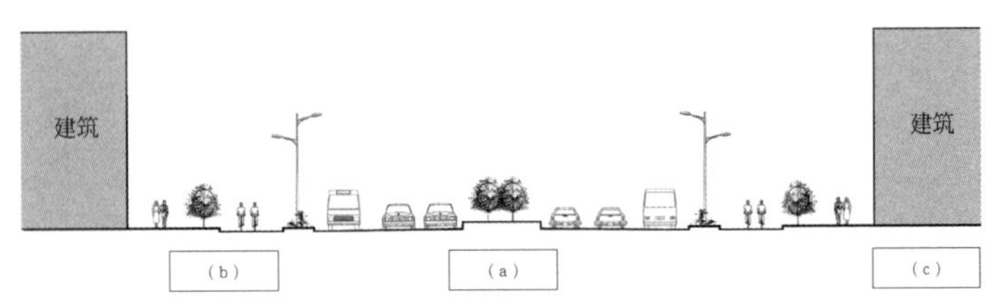

（a）地下线位于道路中心线下方；（b）地下线位于慢车道和人行道下方；（c）地下线位于建设用地红线内

图4.1　地下线的三种布局形式

高架线的布局方式也有多种。其中比较常见的是以下两种。

（1）高架线位于道路中心线上

高架线位于道路中心线上，常与道路中心分隔带统一考虑。这种布局方式对两侧房屋的噪声影响较小，对路口交叉处转弯机动车的交通影响也较小。

（2）高架线位于快慢车分隔带

高架线位于快慢车分隔带，可充分利用道路隔离带，减少高架桥柱对道路宽度的占用，但其可能对一侧房屋的噪声影响较大。

高架线造价虽然相对较低，但其对城市道路有一定的影响。高架线可以位于道路中心带上，带宽一般为20m；也可以设置在快车道一侧（图4.2）。这种布局方式在城市中心一般使用较少，常用于城市边缘与郊区地带。

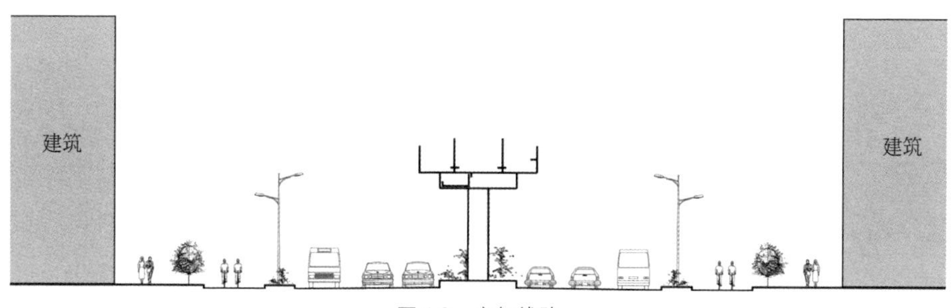

图4.2　高架线路

4.1.2　车站站位布局

除了线路平面位置外，车站站位布局也会影响紧邻地块开发。车站站位一般根据车站与城市道路的关系分为以下几种。

（1）跨路口站位

车站跨十字交叉路口，并在路口各角都设有出入口。这种做法一方面可减少人们穿越马路寻找地铁入口的可能，从而减少路口人车交叉；另一方面也为十字路口四周的四个地块预留了地铁接口，便于周边地块地下空间的连接（图4.3）。这种做法在城市商圈开发中经常用到，郑州轨道交通1号线碧沙岗站就采用了这种方式（图4.4）。

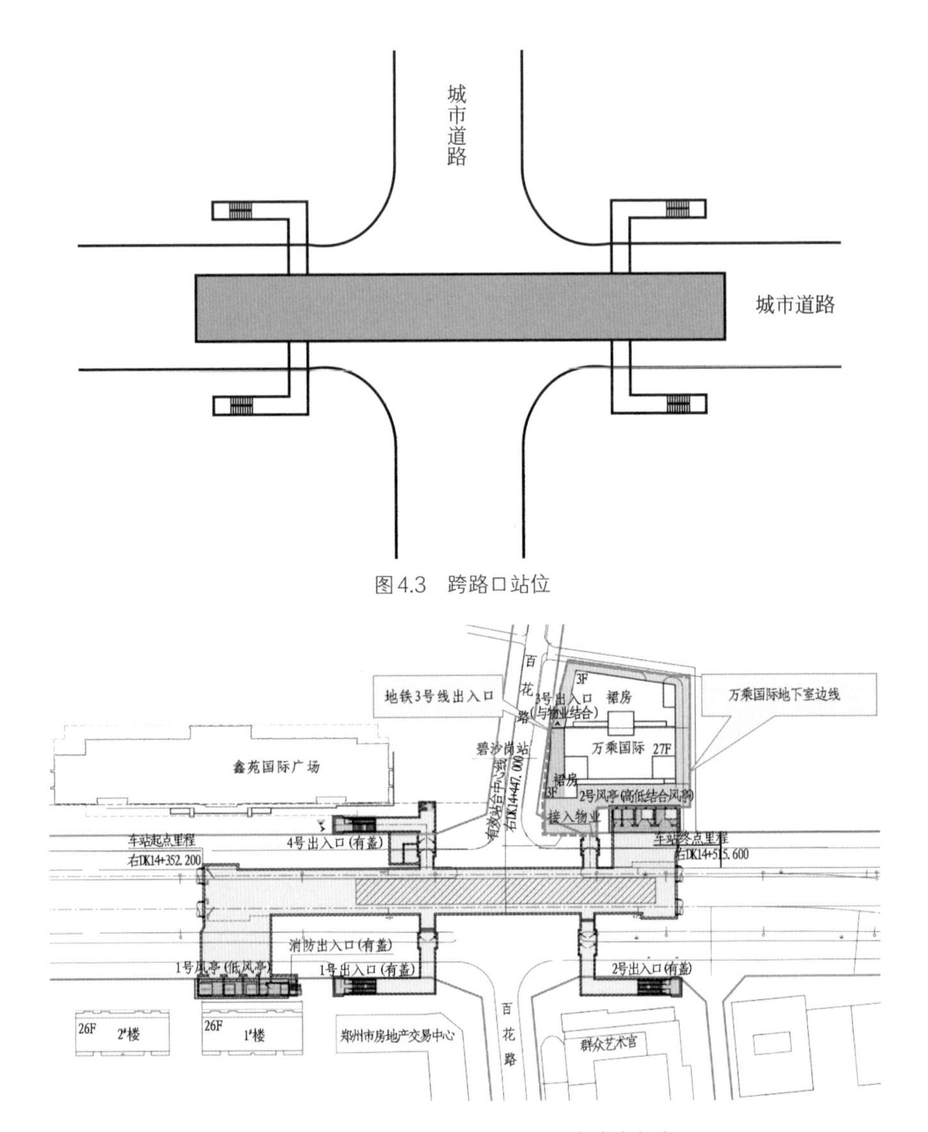

图4.3　跨路口站位

图4.4　郑州轨道交通1号线碧沙岗站

(2) 偏路口站位

车站在路口一侧设置，即偏路口站位。这种布局不易受路口地下管线的影响，使得埋深减少，且减少了对地下管线的拆迁，施工时也减小了对城市道路交叉口交通的影响，降低了工程造价。但其由于偏于一侧，因此与道路另一侧地块的衔接往往就需要采用较长的地下通道（图4.5）。

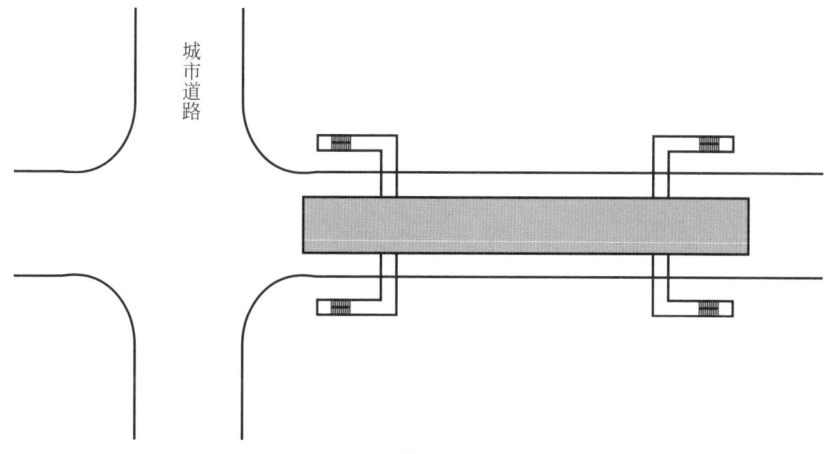

图4.5　偏路口站位

(3) 两路口站位

当两个路口都是主要路口且相距较近（小于400m），横向公交线路及客流较大时，可以将车站站位设于两个路口之间，以兼顾两个路口。这种做法在城市高密度开发区域运用较多，可在多个地块设置地下接口（图4.6）。

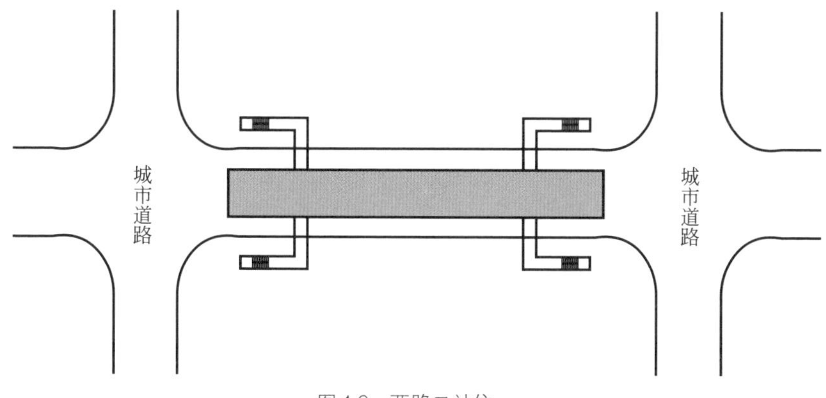

图4.6　两路口站位

(4) 道路红线外侧设置站位

与前述线路平面布局一样，在道路红线外侧设置站位对于现有道路及交通基本上无破坏和干扰，但由于这种做法侵入用地红线内，因此需要与用地红线内的项目开发统一规划和考虑（图4.7）。

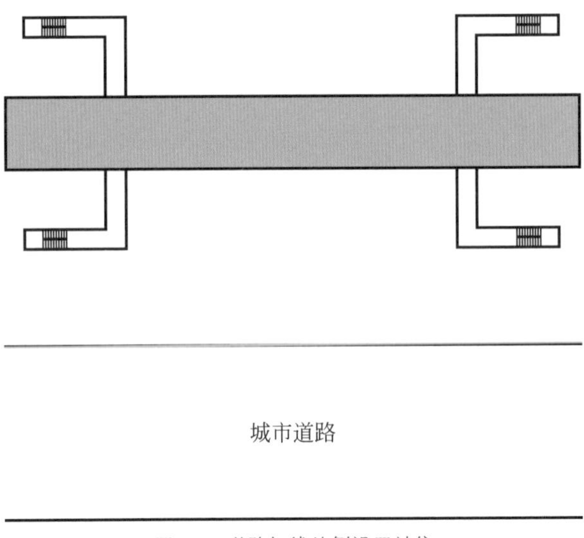

图4.7　道路红线外侧设置站位

4.2　退界问题

地铁运营安全保护区是指地铁运营线路及其周边特定范围内设置的保护区。全国各地在规范中都有一些不同的执行标准。如深圳、杭州等地规定，地下车站与隧道结构外边线外侧50m范围内，地面、高架车站及区间结构外边线外侧30m范围内，出入口、通风亭、变电站等建筑物、构筑物外边线外侧10m范围内，为规划控制区范围。如需变更规划控制区范围，须经市规划行政主管部门批准。

又如《成都市规划管理技术规定修编（市政工程）》中规定：规划轨道线路正线两侧12.5m，轨道车站两侧各20m为快速轨道禁建线范围，在轨道地面区间禁建线范围内不得修建任何与轨道项目无关的地上建筑物、构筑物，包括悬挂物；在轨道地下区间禁建范围内不得修建任何与轨道项目无关的地下构筑物（市政设施及地下空间连通道除外）。规划地下轨道线路正线两侧各50m、轨道车站两侧60m（地面站）或70m(地下站）为地铁建设控制线。涉及规划地铁建设控制线内的项目，其相关技术要求须征得市地铁办的书面意见。在轨道控制建设范围内，建设单位须与市地铁办进行协商，取得控制性协调意见并执行后方可建设。

由此可见，由于地铁运营有安全保护范围，因此对于地铁先建、周边建筑后建的情况，需要考虑一定的退界要求。对于一些靠近道路红线的轨道交通线路，其临近建设项目常常会设置连接通道与地铁车站相连。因此若地铁先期建设，应在前期预留与周边商办地块地下衔接的接口，以保证后期可以通过地下街或走廊与两侧地块实现连通。

4.3 接口形式

在紧邻联合开发模式中，地铁站厅层（非付费区）与周边地块的连通需注意舒适性和安全性两方面的要求。

从舒适性角度来说，地铁站厅层与周边建筑地下商业空间应尽量平接，若不得不有高差，则应设置缓坡或自动扶梯。

从安全性角度来说，当地下通道同时作为地铁疏散路径时，应注意采用防火隔间或双层卷帘（间距不小于6m）来保证地铁疏散通道的安全性。另外，从站厅引出的出入口数量不仅要满足与周边地块的地下连接，也要满足至少两个独立安全出入口的要求。当下沉式广场作为地铁与邻近地下商业的过渡空间时，也可以兼顾安全疏散功能。这时，下沉式广场中的自动扶梯、楼梯等疏散宽度就应充分考虑商业与地铁各自的需求。

当地下商业与地铁站厅层之间的连通道长度大于100m时，还应满足紧急疏散要求。比如一些串接邻近地块的地下商业街往往长于100m，这时就应考虑其本身的安全疏散出口设置。

4.4 商业设施

地铁站厅内的商业规模往往不会太大，一般不超过1000m^2。我们也将其称为“地铁便利集”。该类商业主要以便利快捷的商业设施为主，是小型商铺的集合，很多物业面积仅为8～15m^2。以深圳地铁的商业为例（表4.1），商铺平均面积仅为10m²左右，商铺设置数量为5～6个的居多。

这类商铺属于稀缺资源，在招商上可借鉴香港地铁的成功经验。建议以银行、便利店、西饼屋等为主，并且主要租赁给采用连锁经营的商业企业，这样既能统一管理，又能突出品牌优势。

表4.1 深圳地铁一期站厅预留零星商业物业分布表

车　站	物业个数/个	总面积/m²	平均面积/（m²/个）
罗湖站	6	53.4	8.9
国贸站	3	27	9.0
老街站	5	40	8.0
大剧院站	5	51.2	10.2
科学馆站	4	38.7	9.7
华强路站	3	43.2	14.4
岗厦站	5	51.5	10.3
购物公园站	6	58.5	9.8
香蜜湖站	5	63.5	12.7
车公庙站	5	48.4	9.7
竹子林站	5	53.4	10.7
侨城东站	4	45	11.3
福民站	6	62.3	10.4
会展中心站	5	62	12.4
少年宫站	2	19.4	9.7
合计	69	717.5	10.4

地铁站厅还常常通过地下街串接周边物业。这类地下街规模一般也不会太大，小的仅1000～10000m²，大的一般也在50000m²以内。地铁站厅外的地下街往往由另一个统一运营主体来运营。在日本，有很多连接地铁的地下街的成功案例（表4.2）。这类地下街具备了一定的规模，除便利性业态外，还会引入一些轻餐、流行时尚业态等，在商业策划上也可以更具有主题性。如日本钻石地下街，便是以女性为目标客群，由时尚、轻松、多样、行销四个主题构成，业态包括时装、杂货、餐饮等（图4.8、图4.9）。

表4.2 日本地下商业街按规模分类表

规模分类	商业建筑面积	案 例
小型	≤30000m^2	大阪钻石地下街、大阪虹之町地下街（一期）、名古屋中央公园地下街、东京歌舞伎町地下街、福冈天神地下街、横滨波塔地下街
中型	>30000m^2，≤50000m^2	大阪梅田地下街
大型	>50000m^2，≤100000m^2	东京八重洲地下商业街、大阪阪急三番街、大阪长堀地下街

图4.8 大阪钻石地下街

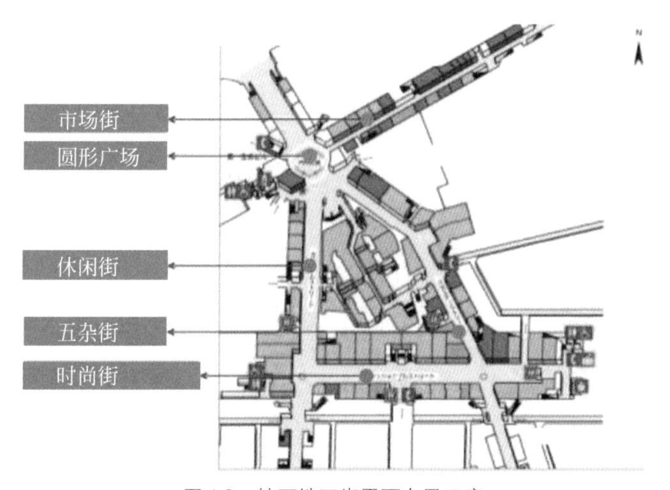

图4.9 钻石地下街平面布局示意

4.5 附属设施

城市轨道交通车站一般由车站主体、出入口，通道、通风道，及风亭三大部分组成。其中，出入口、风亭这些附属设施均可考虑与红线内建筑结合。在紧邻联合开发中，这类结建问题经常会遇到。

首先，对于地铁出入口来说，除了前面所提到的与下沉式广场相结合外，也可以考虑与地上建筑相结合。这样做既可以节省土地资源及基建投资，同时又优化了城市环境。对于高架轻轨出入口来说，可以通过设置高架桥连接附近的商业建筑，并且高架桥可以根据气候条件采用敞开式、半封闭式或全封闭式等不同做法。

另外，地铁的风亭一般要求设在建筑红线内，可集中或分散设置；较好的方式是与地面建筑结合设置，但应考虑与周围建筑物的距离要满足防火间距要求，不应小于5m。风亭除与地面建筑结合外，也可与下沉式广场相结合，从而减少对地面环境的影响。

一般标准车站会在车站两端各设置两座活塞风亭，一座排风亭和一座新风亭，且风亭之间有一定间距要求，组合成低风亭组和高风亭组。但无论低风亭组，还是高风亭组，当其独立建造时，均会对城市环境和视觉视线有一定的影响，因此与下沉式广场相结合，可有效“隐藏”风亭，从而留出宝贵的地面空间（图4.10）。

图4.10　上海地铁2号线静安寺站下沉式广场圆形风亭与地面喷水池及下沉式广场结合

4.6 案例分析

4.6.1 案例一：上海港汇恒隆广场

上海港汇恒隆广场可以说是上海最早的购物中心，2021年经过改造更新后又重新开业（图4.11）。在90年代末最初建成时，与地铁1号线徐家汇站在地下通过连通道相连，人们可通过四部自动扶梯直达商场一层主中庭。在该主中庭中，形成了一个具有复合立体交通的空间，应该说从地铁出来前往商场的体验是非常强烈的（图4.12）。港汇恒隆广场在这次更新改造中，对地下一层商业进行了重点打造，一方面在定位上进行了重大变化，除了对Ole’精品超市进行升级外，还把原来的名品运动城改为美妆大道精品街。在地下一层的商业动线上打通了地铁1号线、11号线和9号线的联系通道（图4.13），使得美妆大道成为串联起地铁1号线和9号线、11号线的捷径。虽然1号线和9号线也能在地下换乘，但需绕路，且环境舒适度远不如港汇恒隆广场地下一层。因此，这一改造把徐家汇核心区的三线换乘人流进行了充分的引流，极大地助力了该项目地下商业的发展。

图4.11　三条地铁线围合的上海港汇恒隆广场

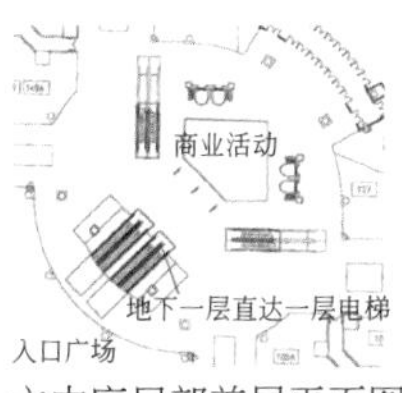

主中庭局部首层平面图

地下一层通过自动扶梯上至一层

图4.12　从地下一层通过自动扶梯直达一层主中庭

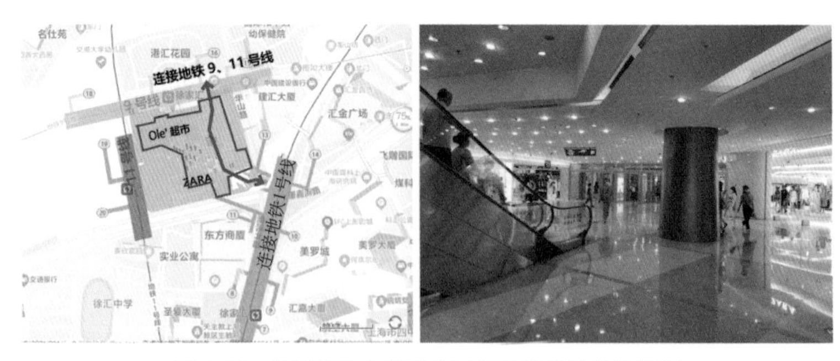

图4.13　地下美妆大道成为三条地铁线的换乘捷径

其中值得一提的是，9号线车站是利用港汇恒隆广场商业区域与住宅区域——港汇花园之间的地面道路下的既有三层地下室改造而成的。这是国内首个大规模利用既有地下空间改造而成的地铁车站，在国际上也极为罕见。原港汇恒隆广场地下室和建筑使用已有十多年，改造时线路平面利用与现有地下室柱网的协调布置，使得无须托换结构立柱。原地下一层层高为5.2m，改为车站站厅层；原地下二、三层停车库层高分别为3.8m、3.9m，通过拆除地下二层的楼板，把地下二、三层合并为站台层，层高7.7m（图4.14）。在空间改造的同时，也考虑了防变形、抗震性能评估等方面的结构措施。尤其是9号线运营后所产生的振动和噪声对港汇恒隆广场的影响，也在车站设计中一并予以考虑。为此，轨道结构采用浮置板道床、车站采用屏蔽门系统，墙面和站台下部则采用了高效吸声材料。

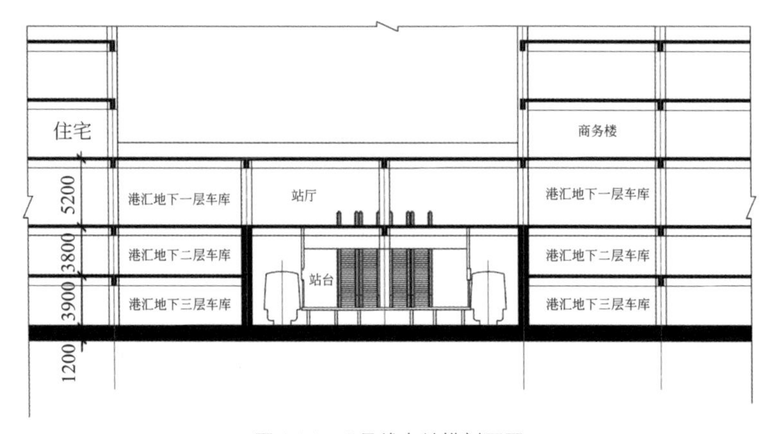

图4.14　9号线车站横剖面图

4.6.2 案例二：上海环贸iapm商场

上海环贸iapm商场为2013年开业的高端商业物业，用地面积约3.96万平方米，总建筑面积约32.6万平方米，其中商业建筑面积为13万平方米。包括办公、商业、公寓等功能，商业地上6层、地下2层。项目交通极其便捷，为三条地铁线——1号线、10号线和12号线的交汇之处。在商场的地下一层、二层均有多个地铁接入口，形成了四通八达的网络，也为本项目带来了源源不断的人流（图4.15）。

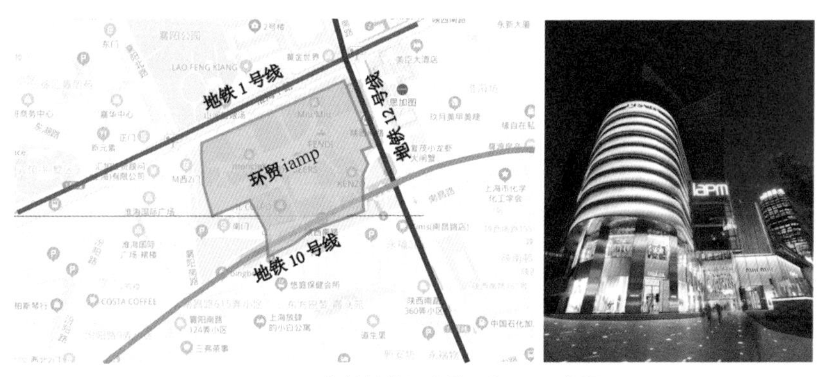

图4.15 三条地铁线围合的环贸iapm商场

该项目与地铁的衔接有以下几个特点值得借鉴。

① 整个项目利用室内外1.2m的高差抬高了首层商业标高，使得商业地下二层与地铁站厅层平接。

② 通过一个尺度小巧的下沉式广场引导地铁人流方便地到达商业的首层、地下一层、地下二层等多个层面，巧妙地将地铁人流转化为商业客流（图4.16、图4.17）。

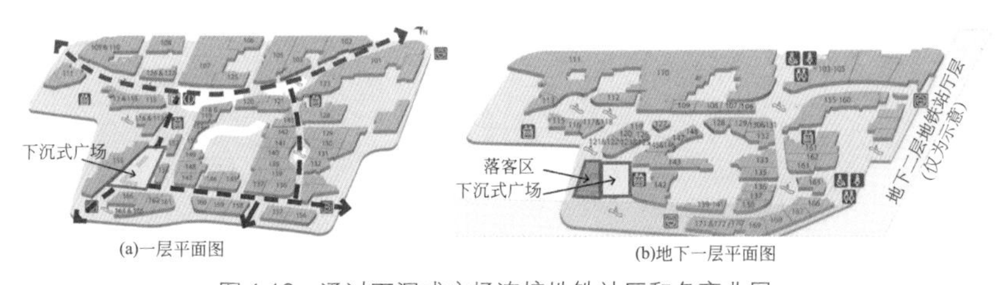

图4.16 通过下沉式广场连接地铁站厅和各商业层

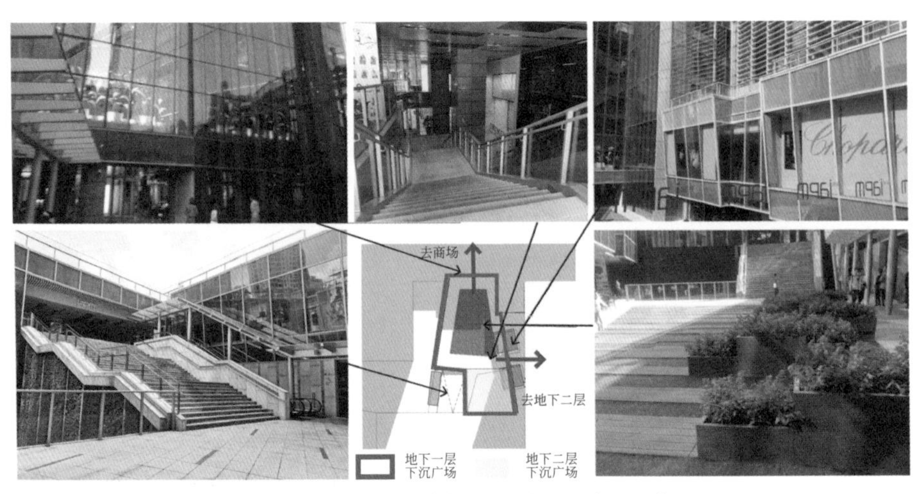

图4.17　两层下沉式广场引导各层面商业人流

③地景与地铁设施的结合处理。对地铁风亭等设施进行了景观化处理，并与外部空间较好地融合在了一起,看起来像富有趣味的雕塑（图4.18)。

图4.18　地铁风亭、无障碍电梯等设施与景观的融合

4.6.3 案例三：上海嘉亭荟城市生活广场

上海嘉亭荟城市生活广场是一个区域型的商业中心，依托轻轨11号线，形成了一、二期共14万平方米的商业（二期预计2023年投入运营）。该项目不仅与轻轨11号线安亭站有多个连接口，而且旁边还设有公交站，形成了立体交通换乘枢纽。项目内部形成了一个带有大面积观景台和连廊的半封闭式步行街（图4.19）。

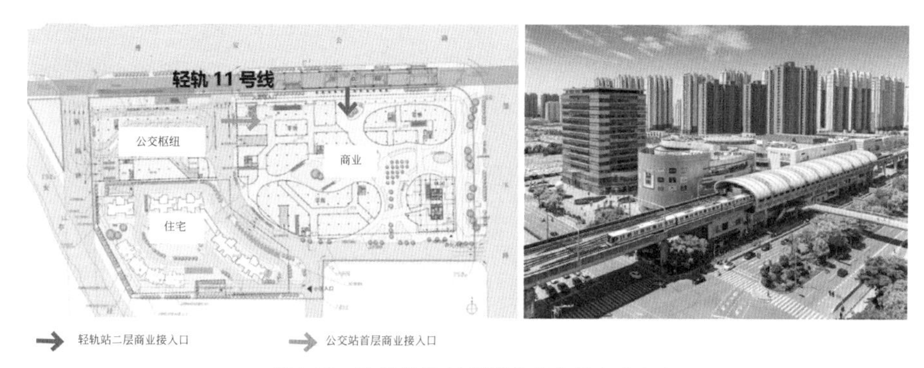

图4.19 连接轻轨11号线的嘉亭荟商业中心

在这个项目中，我们可以看到轻轨与商业的衔接是非常自然的。轻轨的站厅层与商业的二层平台衔接，站台层则位于三层（图4.20、图4.21）。公交站位于一层，公交落客区也与商业入口相结合。

图4.20 轻轨的站厅层与商业二层平台衔接

图4.21 嘉亭荟二层商业入口平台

第5章

空间权联合开发

空间权联合开发在上文中已提到过，指的是与公共交通运输设施紧密结合在一起的地产项目开发，此类项目常常穿越公共交通设施的上下方。空间权联合开发比前文中所讲的紧邻联合开发需要更多、更周密的计划，更为复杂的公私交易，以及施工上的技术协调工作。

5.1 主要类型

目前国内涉及空间权联合开发的项目共有三种主要类型。

5.1.1 公共交通站房或线路与商业项目上下叠合

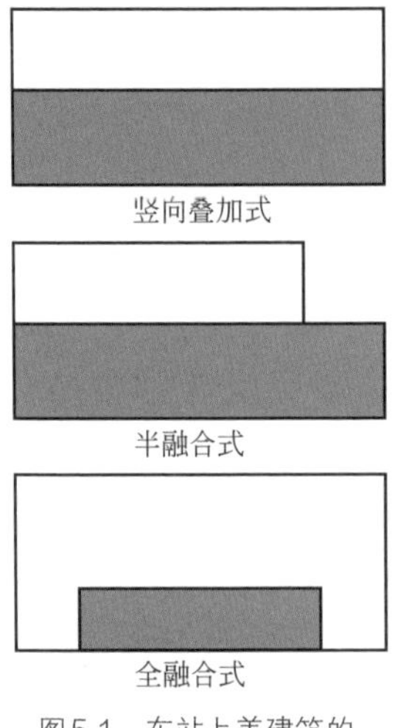

图5.1 车站上盖建筑的三种类型示意

上海地方标准《城市轨道交通上盖建筑设计标准》(DG/TJ 08-2263—2018)把车站上盖建筑划分为三类，分别是竖向叠加式、半融合式及全融合式（图5.1 ～图5.4)。这基本上概括了上盖型建筑的所有空间组合方式。竖向叠加式主要是指上盖建筑与车站主体垂直分层利用，共用部分楼板，但同时又保持垂直方向上连通的空间组合方式。半融合式是指上盖建筑在横向空间上至少有一个方向把车站半包融，两者共用部分墙体和楼板。而全融合式是指上盖建筑在横向空间上把车站完全包融，即车站成为上盖建筑中的一部分，两者在水平、垂直方向上连通，成为一个有机整体。

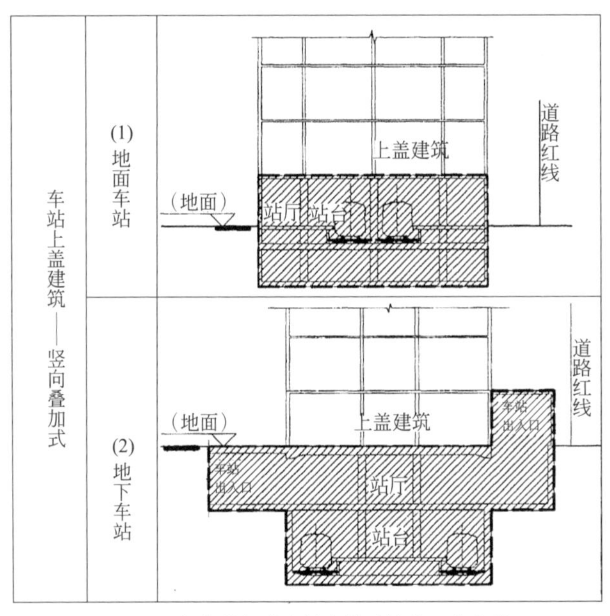

图5.2 竖向叠加式车站上盖建筑进一步分类

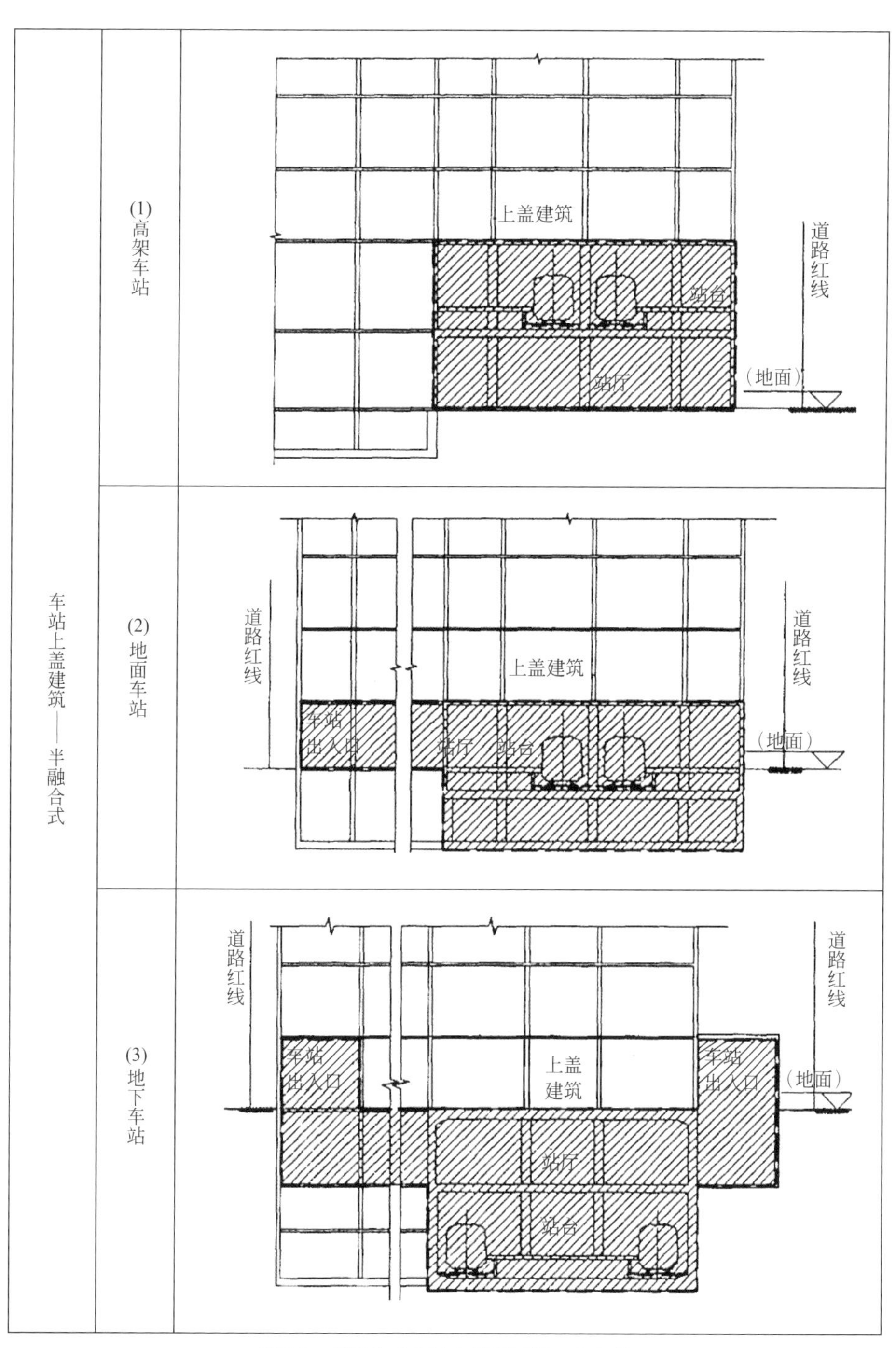

图5.3 半融合式车站上盖建筑进一步分类

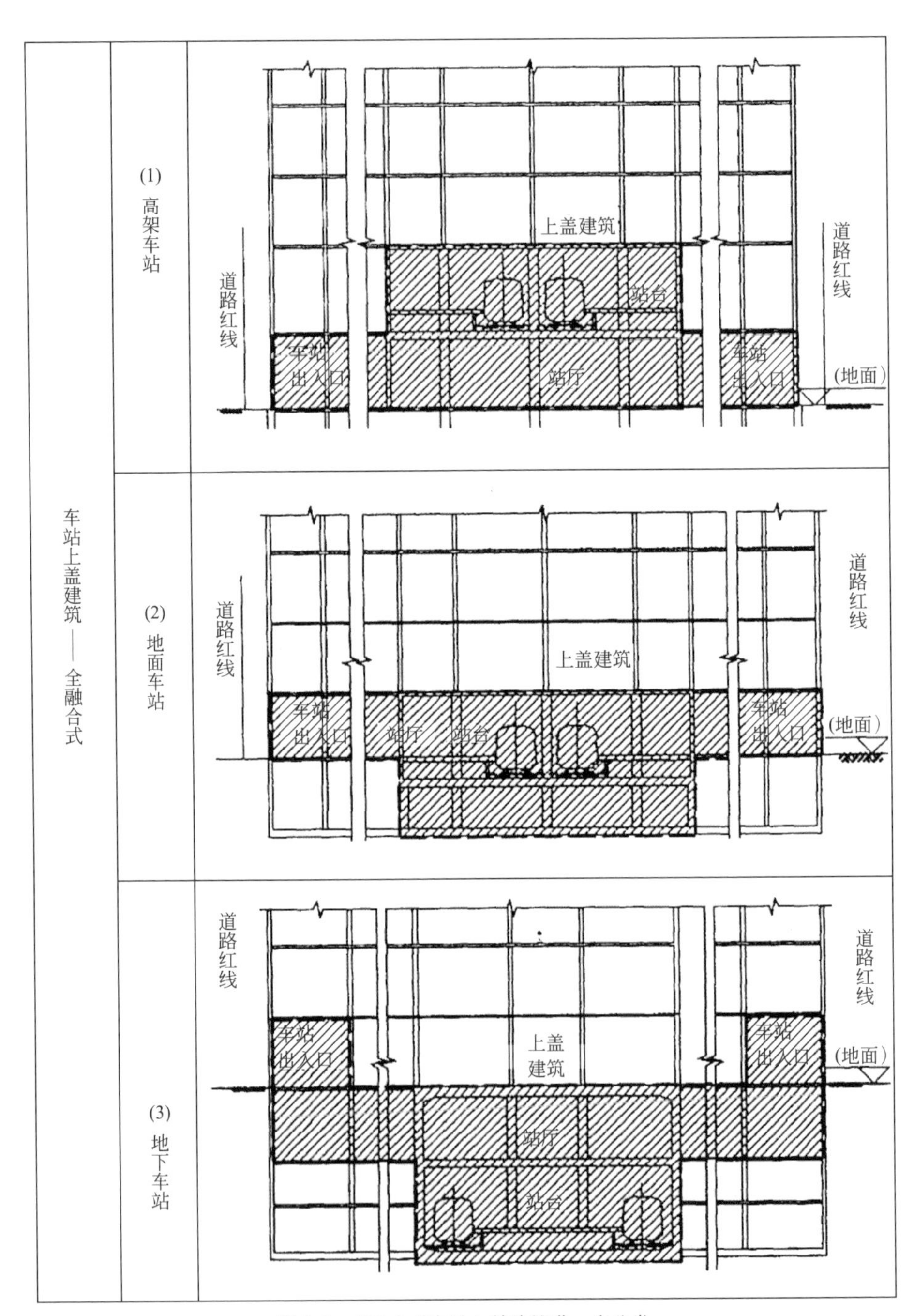

图5.4　全融合式车站上盖建筑进一步分类

[图5.2～图5.4资料来源于《城市轨道交通上盖建筑设计标准》(DG/TJ 08-2263-2018)]

5.1.2 结合地铁设施的地下商业空间

对于埋深较深的地铁线路，有时可利用线路上空和地面覆土下方的空腔区域设置商业空间。比如，当地铁站厅层设在 -10m（相对地面）以下，采用明挖法修建时，可充分利用其上方空间。在一些城市道路或公共绿地下方的地铁线路或站点上方可考虑设置地下商业街。但此类地下商业街在结构、消防设计上受到地铁系统的较大限制，需要综合考虑。另外，此类商业设施的运营及权属问题也不同于一般商业项目，需在项目开发之始就加以考虑。

5.1.3 地铁车辆段上方的商用物业开发

传统车辆段常常设于城市远郊地区，且是一个厂房式的单层建筑，主要用于地铁车辆的停车、检修、试车等。它一般会占用较大的场地，造成土地资源的浪费。为了实现土地集约化利用的目标，不少城市开始对车辆段上盖进行物业开发，包括商业、住宅、办公等多种业态类型，如上海华润万象城项目、青岛华润城项目等。但作为车辆段上盖商业，其附近应设地铁站点，以提升地块商业价值。

车辆段上盖商业物业也有诸多挑战，包括消防要求高、震动及噪声超标等问题，在前期的投资成本也相应较大。

5.2 空间规划

在空间规划方面，空间权联合开发的项目主要可以分为两大类，一类是地铁上盖商业项目，另一类是城市道路或公共绿地下方的地下商业项目，这两类项目由于受到外部制约因素的差异性，在空间规划上会有一定的不同。至于地铁车辆段上方的商业项目，基本可归属于前一类即地铁上盖商业项目，仅仅是在一些技术措施上有其特殊性而已。

5.2.1 地铁上盖商业项目

狭义上的地铁上盖商业项目是指地铁等交通设施与私有商业开发的空间实

现高度复合化的一类项目，表现为地铁等公共交通设施占用了私人用地的一部分空间权。根据公共交通设施在空间上的独立程度，可以大致分为三类八种。这里笔者沿用了前文的说法，这三类分别为竖向叠加式、半融合式与全融合式。其中，竖向叠加式包括两种，地铁设施位于私有商业项目的下方，以及轻轨位于私有商业项目的上方。半融合式有三种，公共交通设施与私人商业物业可能共用楼板和部分墙体。全融合式也包含三种，基本上公共交通设施的所有楼板和墙体都与私有商业物业共用。对于此类项目，私有商业物业与公共交通设施在空间布局上存在水平和垂直两个方向上的关系（图5.5～图5.7）。其中，水平方向上的关系包括直接联系和间接联系两种方式。直接联系是指商业物业与公共交通空间共墙或向公共交通空间完全打开，实现空间上的完全融合；间接联系则是指通过通道或广场等间接手段相联系。

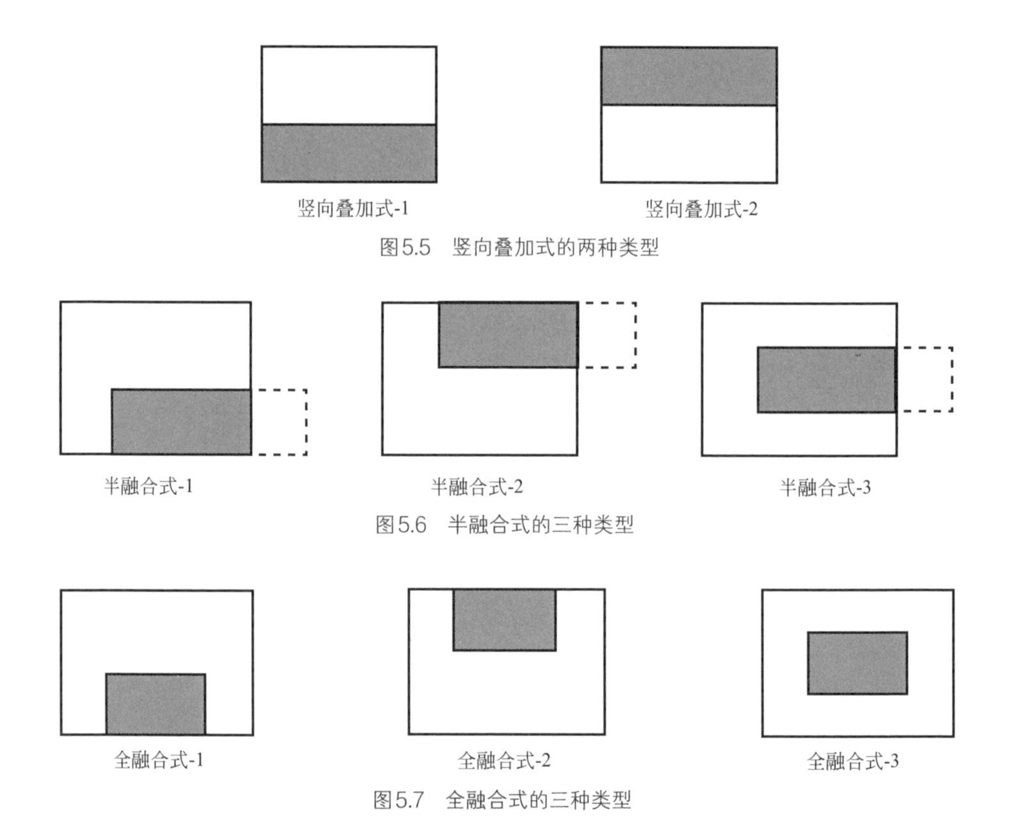

图5.5　竖向叠加式的两种类型

图5.6　半融合式的三种类型

图5.7　全融合式的三种类型

由于国内消防上的严格要求，在水平关系上基本都采用间接联系的方式。《城市轨道交通上盖建筑设计标准》(DG/TJ 08-2263—2018) 甚至对通道宽度等也提出了进一步的要求。该标准规定 ："连通通道的宽度应根据通道的预测客流，通道的服务水平以及场地条件等确定，且与车站的连接口部位宽度不宜大于8m。" 如果是广场连接，广场应有一定的开敞度，且符合有关消防规定[1]。

另外一种是直接联系方式，共墙开洞是其中相对保守的一种方式，同样参照上述规范，在共墙时对于墙上开洞的宽度、间距等有所要求。如"共用墙体上开设的单个门洞的宽度不宜超过8m，相邻门洞之间的距离不应小于24m，且共用墙体上开设的门洞应在上盖建筑一侧设缓冲区，缓冲区通向门洞开口最近边缘的水平距离且不应小于6m，缓冲区内装修材料的燃烧性能应为A级；该区域不应用于除人员通行外的其他用途"。日本三井不动产开发的东京日本桥城市区域更新项目中，就采用了完全面向地铁站开放的地下一层商业布局。为了解决消防安全性问题，该项目设置了两排具有一定间距的防火卷帘，从而实现了日常商业空间与地铁站厅空间的融合。这种做法经消防真实模拟评估后获准采用，这也是类似设置缓冲区的做法。

关于垂直联系，也有两种方式——直接联系式与间接联系式。间接联系式是通过下沉式广场等形式将两者在垂直方向上联系起来的方式。下沉式广场成为两者间的缓冲地带。垂直联系式中的商业位于地铁或轻轨站台的正上方或正下方，两者之间可通过站台内的自动扶梯或楼梯直接相连。比如我们常说的站厅商业就属于这种类型。但考虑到消防要求，目前在国内，这类直接连通站台层的商业体量一般都比较小。

5.2.2 城市道路或公共绿地下方的商业项目

除了上述地铁上盖的地下商业街之外，另一种地下商业街位于城市公共用地（如道路或公园）的下方，主要连通周边建筑与地铁、公交中心等交通枢纽，

---

[1] 符合《上海市公共建筑防火分隔消防设计若干规定（暂行）》（沪消 [2006]439 号）中关于建筑内部防火分隔的下沉式广场等室外开敞空间的相关规定。

以形成市中心内有效的地下联网。此类地下街不一定恰好在地铁线路的上方，但却起到了非常重要的连通作用。

日本福冈的天神地下街就是一个典型案例。天神地下街总面积约52900m²，全长约590m，共设地下两层，其中地下一层商业通道连通了周边的办公、商业建筑。地下一层层高5.1～6.1m（图5.8）。

位于城市公共用地下方的地下商业街在规划时要尤为注意埋深，需考虑景

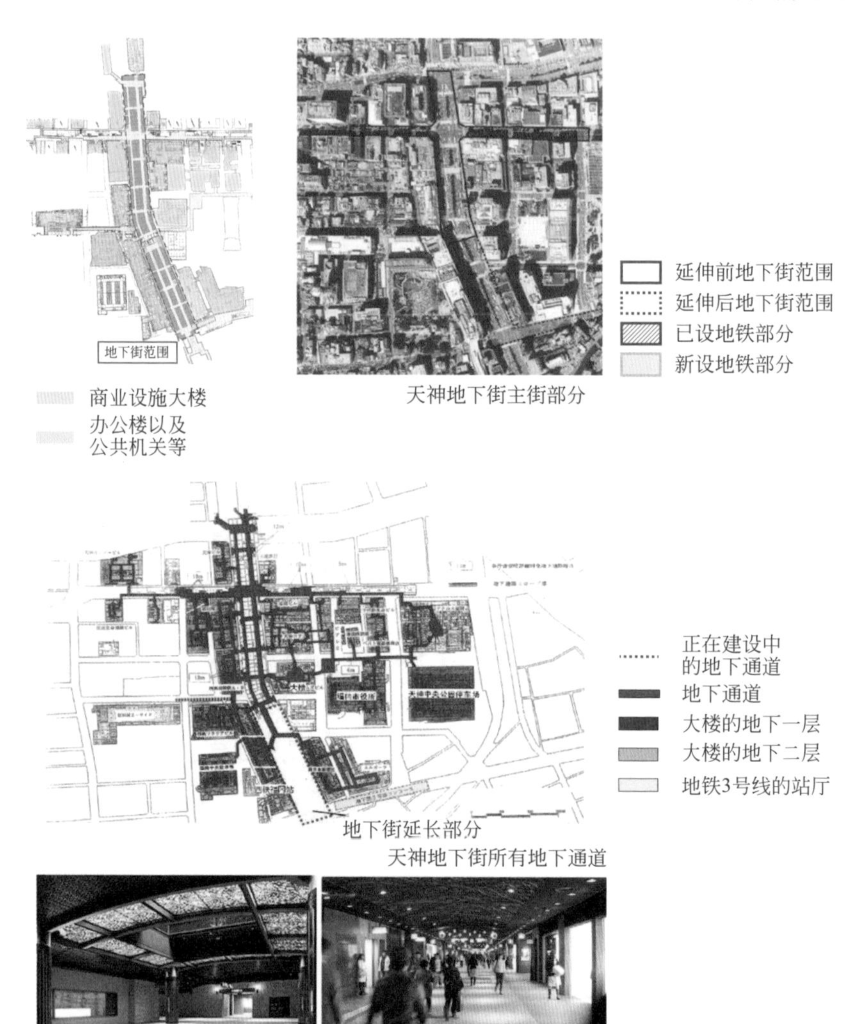

图5.8 日本福冈天神地下街

观及市政管线对于覆土的基本要求（图5.9），一般为3～4m。

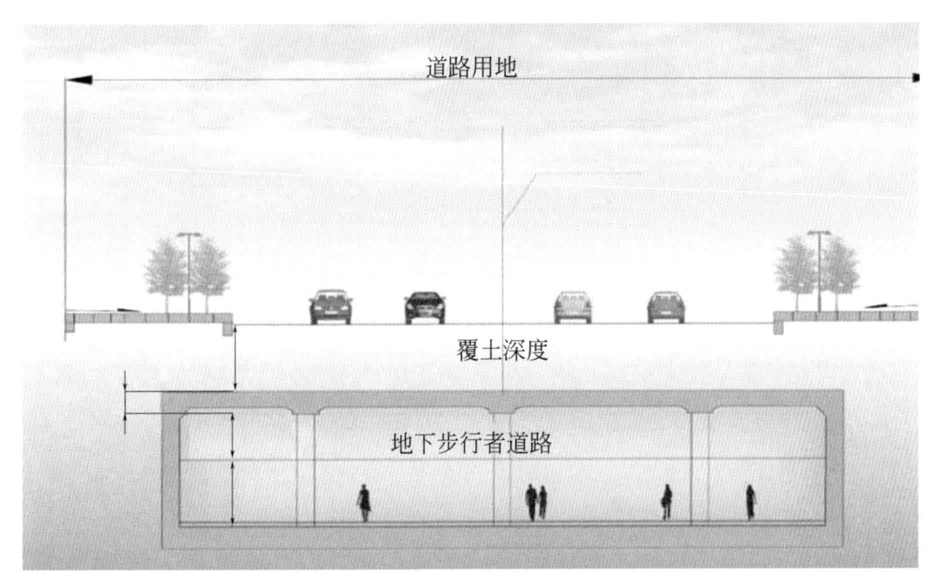

图5.9　城市道路下方的地下街开发应注意覆土深度

5.3　动线规划

地下商业空间的动线设计分为两种情况：一种是地上有商业体，地下商业空间位于地上商业体的正下方，在这种情况下，动线设计应重点关注与地上商业的垂直联系；另一种为地上无商业体，一般上方为道路广场或绿地空间。两种布局方式的差异见表5.1。

表5.1　两种类型地下商业空间比较

项　目	有地上商业	无地上商业	备　注
地下层数	以地下一层为主，地下二层（三层）为停车、设备机房等辅助功能空间	以地下一层为主，地下二层（三层）为停车、设备机房等辅助功能空间	一般以浅层开发为主
B1层相对标高	−7～−6m	−9～−7m（根据覆土及地下管道埋深等情况而定）	—
与地上空间联系方式	以中庭为主	下沉式广场、封闭式入口商亭（适合于寒冷地区）	—

续表

项　目	有地上商业	无地上商业	备　注
柱网布局	一般与地上相一致	相对自由	若在地铁轨道区间上方，则受制于地铁结构柱网
动线走向	一般与地上商业一致或做简化，同时连接地铁站	在城市道路下方，受制于红线宽度，以单动线为主，复动线为辅；绿地下方相对自由，但均考虑连接地铁站	—

5.3.1　商业规模

纯粹为解决交通功能的地下商业街，一般规模不宜过大，如大部分位于车站站前区的地下商业，一般会认为购物是此类商业街的重要功能。但据调查发现，在路过车站的乘客中，真正想买东西的不到20%，因此这种通道式商业的面积一般在10000m²以内。在日本，大约一半的地下商业街面积是在10000m²以内，其中30%甚至比1000m²还要小。只有极少量的地下商业体面积达到50000㎡以上，如东京八重洲（74413m²）、名古屋中心公园地下商业（52232m²）。若该商业不仅仅是用于通道联系，同时还作为一个服务于一定区域甚至远郊客群的商业，那么其规模可相应放大。

5.3.2　动线组织

地下商业动线的特点是简洁。尤其是对于封闭而无自然采光的地下商业街来说，若上方也无地上商业，则动线建议尽量简单明了，可以以直线为主，并且尽量减少复动线、环形动线设计，因为此类动线容易使人失去方向感（图5.10～图5.12）。

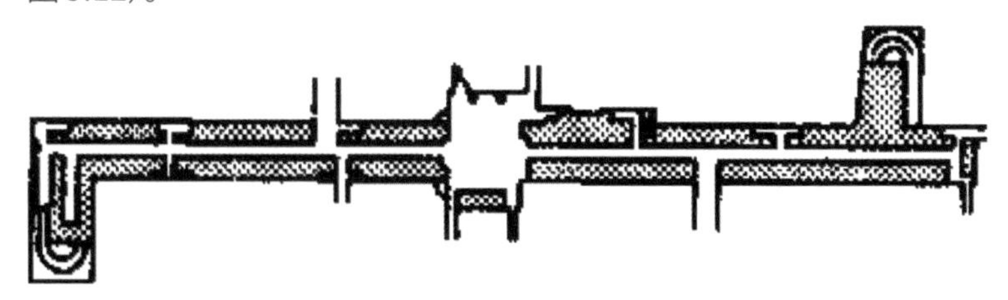

（a）西堀 ROSA 地下街（新潟）

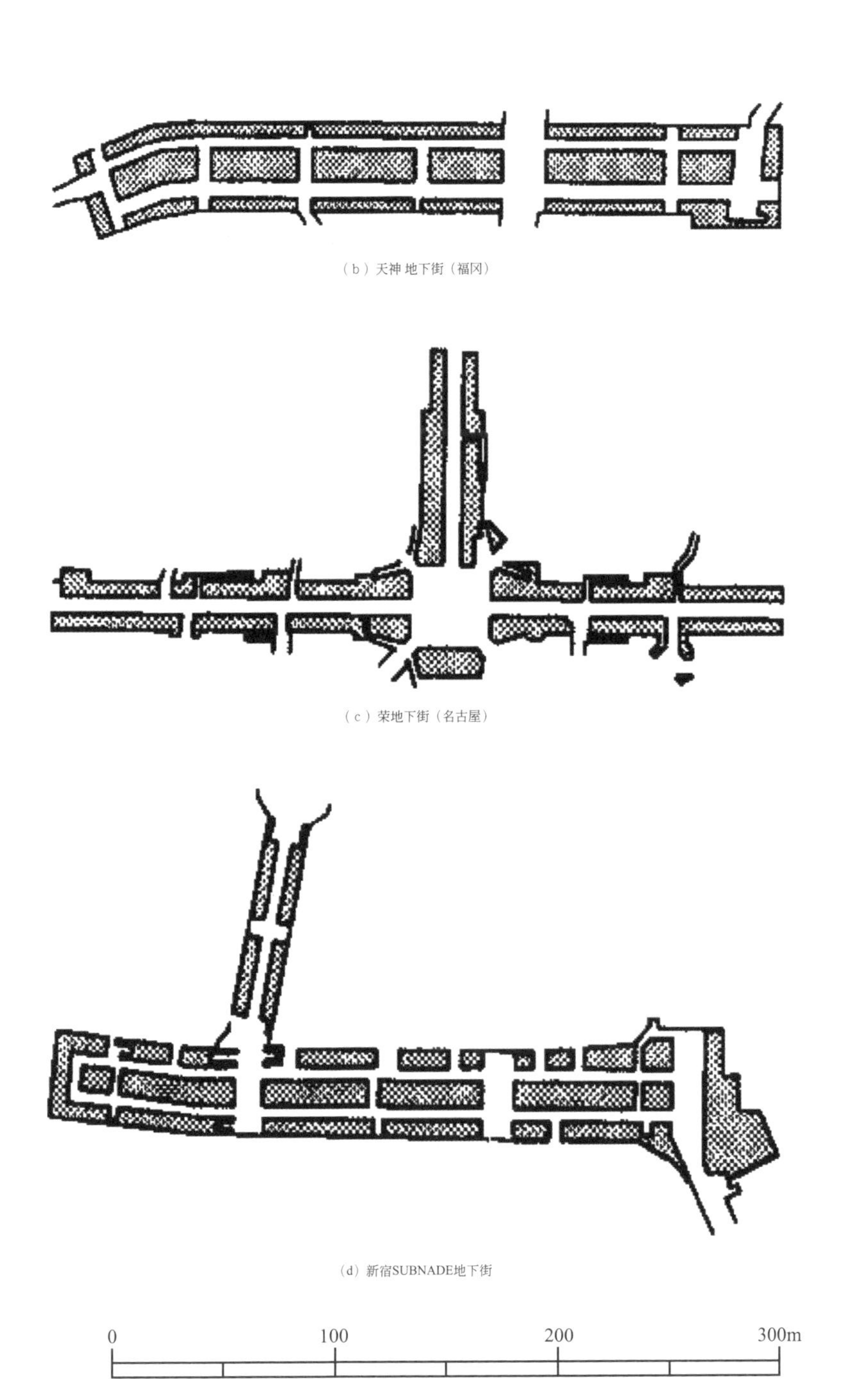

图5.10　线形（单动线或环形动线）地下商业街平面简图

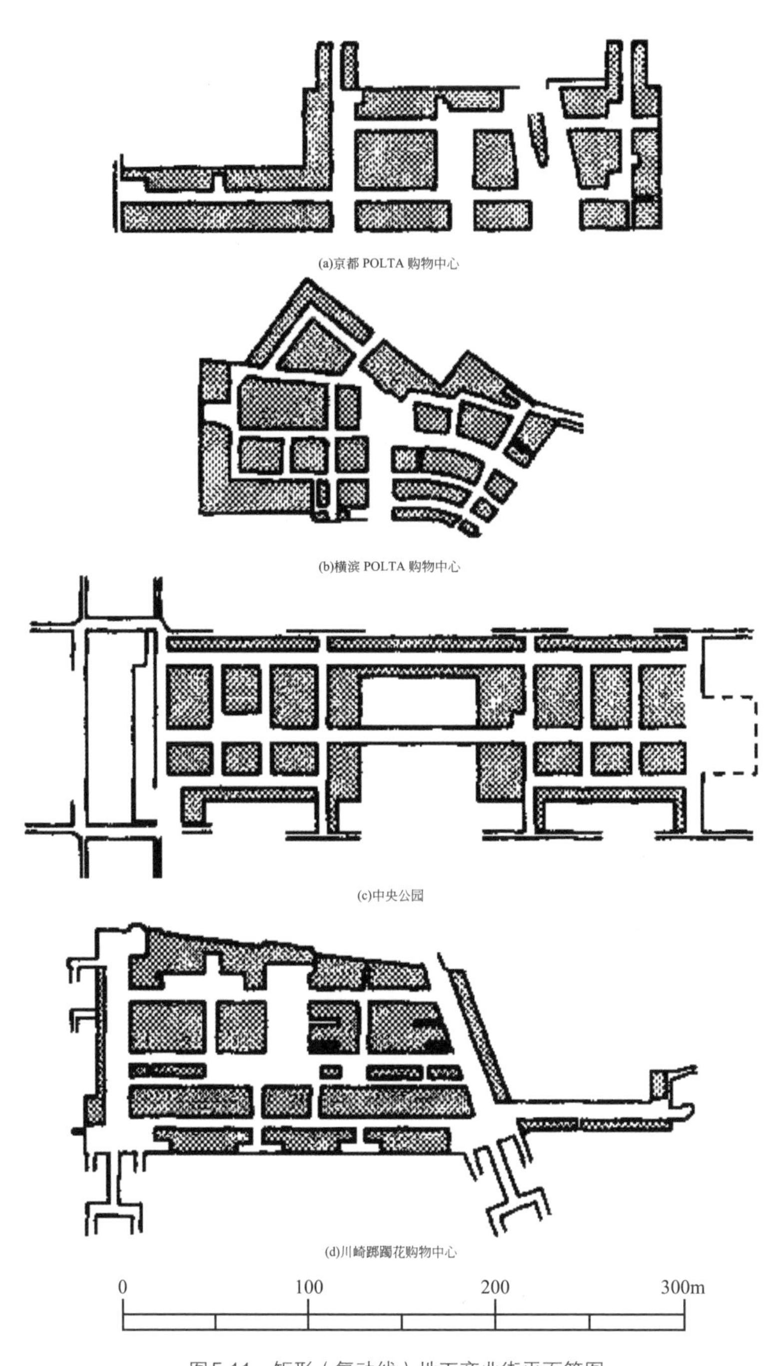

图5.11 矩形（复动线）地下商业街平面简图

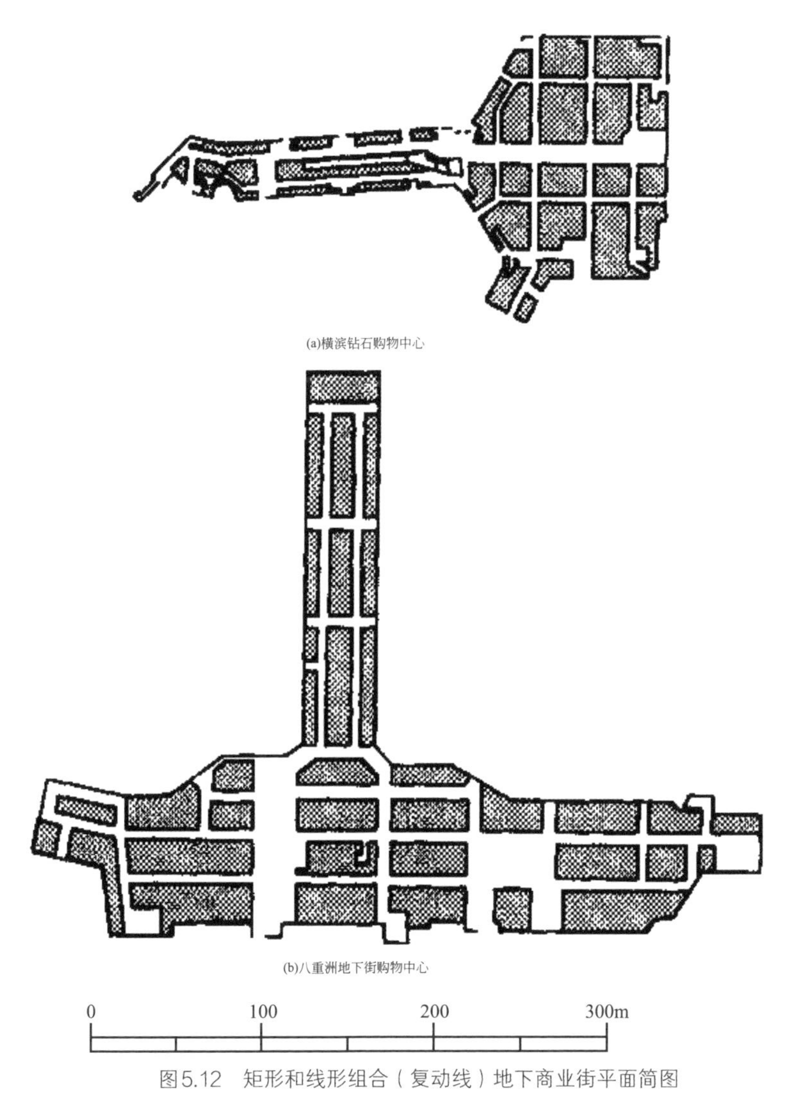

图5.12　矩形和线形组合（复动线）地下商业街平面简图

（图5.10～图5.12资料来源：格兰尼，尾岛，俊雄.城市地下空间设计[M].许方，于海漪，译.北京：中国建筑工业出版社，2005.）

5.3.3　地铁接口

一般地下商业街考虑到安全性、采光、舒适性等方面的要求，以浅层开发为主，即设在地下一层，地下二层及其以下一般为停车场。但也有一些与地铁结合较为紧密的地下商业。由于地铁站厅层可能设于地下二层及其以下，因此为充分利用地铁人流，会局部考虑设置地下二层，甚至地下三层商业。地铁作为人流的重要导入口，扮演了“主力店”的角色，因此地下商业尽量连接地铁站厅成为一个必要手段。地铁人流的导入，也使得地下商业的租金大大提高，有时甚至比地上还高。与地铁连接还要考虑的一个重要问题是如何实现标高上的自然衔接和过渡。商业规划中普遍不太接受台阶式的高差处理方式，而坡道或自动扶梯的布局则是较为主流的方式。当然，若两者标高能一致的话，就更为理想了。

5.3.4 通道宽度

一般来说，地下商业通道的主通道宽度为8～12m，次通道宽度为6～8m。但具体通道宽度还要根据客流量仔细判定，尤其是承接地铁高峰人流的商业通道更需考虑高峰时段的通行能力。基于较高服务水平的地下商业街，其宽度应在最小通道宽度的基础上再增加2m，以保证两侧商铺前区有一定的停留空间。以日本地下商业街宽度为例，早期的通道宽度常为5～6m，现在一般为6～8m。

由于地下通道的宽度与人流量密切相关，因此直接影响人的舒适体验和商铺经营。当地下通道人流过于拥挤时，反而会降低两侧商业的效益。从通道的服务水准来看，通行流量具有以下规律（表5.2）。

表5.2 描述通道服务水准与通行流量对应表

等 级	描 述	流量 人/（m·min）
服务水准A	自由行走	27
服务水准B	步行活动略受限制	27～51
服务水准C	步行较困难	51～71
服务水准D	步行困难	71～87
服务水准E	几乎无法步行	87～100

公式$P=（D-D_y）\times 27\times 60$可用于计算$D$宽通道每小时在$A$服务水准下的通行人流。

式中，P 为每小时的最大通行量，人/h；D 为地下人行通道的净宽度，m；D_y 为预留宽度（一般两边有商铺时为2m，无商铺时为1m），m。

① 假设无商业的地下人行通道净宽为6m，则

$$P=(6-1)\times27\times60=8100 \text{人/h}$$

② 假设地下商业街净宽度为9m，则

$$P=(9-2)\times27\times60=11340 \text{人/h}$$

③ 假设地下商业街净宽度为12m，则

$$P=(12-2)\times27\times60=16200 \text{人/h}$$

由于地下街的主要人流来自地铁，因此要准确估算其每小时通行流量，就需要有预计地铁站上下车人数的资料。

假设都市型地铁站每天的上下车人数为200000人，设有两处入站的检票口，地铁利用时间为6:00 ～ 23:00共17个小时，安全系数为1.5，此时估算

$$P=(200000\text{人}/2\text{个出口}/17\text{小时})\times1.5\approx8800 \text{人/h}$$

此时平均每小时的人流量，在早晚高峰可能会更多一些，若客流超高峰系数取1.3，则建议地下商业街主通道净宽不小于9m。

5.4 附属设施

在空间权联合开发的商业项目中，地铁的一些附属设施需与上盖商业统一考虑。

5.4.1 地铁出入口

一般来说，浅埋的地铁地下车站出入口数量不宜少于4个，深埋的地铁地下车站出入口数量不宜少于2个。地铁上盖商业常与地铁出入口考虑合建，既为商业带去人流，也为地铁出入口提供比较好的遮风避雨的空间。出入口应尽量与建筑同步设计和施工，这样比较容易协调一致；如不同步，设计及施工则会受到一些限制。地铁疏散出口原则上还要考虑直接对外疏散，即其可能直通地面，或出到下沉式广场。

5.4.2 地铁风亭

风亭是地铁车站因通风需要而设在地面的附属构筑物。出地面风亭一般均设有顶盖及墙体，通风口设于风亭上部，距地高度一般不小于2m，特殊情况下可降低，但也不宜小于0.5m。由于在道路两旁的风亭常要求设在建筑红线内，因此在设计时应考虑与地面建筑结合布置，风井通至裙房屋面，也可以考虑另外几种结建方式：

① 风亭与下沉式庭院结合（图5.13）；

图5.13 风亭与下沉式庭院结合（日本东京汐留地区）

② 风亭远离公共面，与建筑后勤面结合；

③ 风亭与城市构筑物、雕塑结合。

南方地区地铁车站常设置8个风亭，其中2个新风亭、2个排风亭、4个隧道风亭。根据《地铁设计规范》（GB50157—2013），进排风口间距至少要有5m，使得风亭尺寸相当庞大，对城市景观造成重大影响。在这种情况下，风亭设计形式上可借鉴国外做法，采用雕塑感强的风帽式风亭设计，或是采用城市绿化中的地面风口做法，这种敞口风亭的做法已在国内运用较多。但敞口式风亭需注意防淹问题，风亭竖井底部应设置潜污泵排除雨水。地铁冷却塔因为其噪声、漂水、余热等问题，也令人十分头疼，常用的处理方式为采用下沉或半下沉式布局，与城市绿化带相结合等（图5.14、图5.15）。

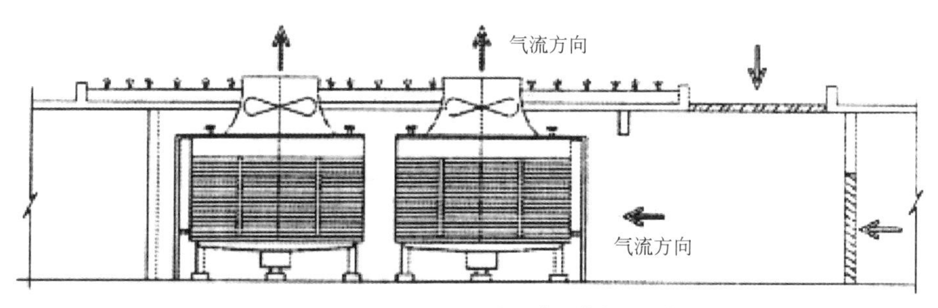

图5.14　风道进风式（下沉式）冷却塔布置示意图

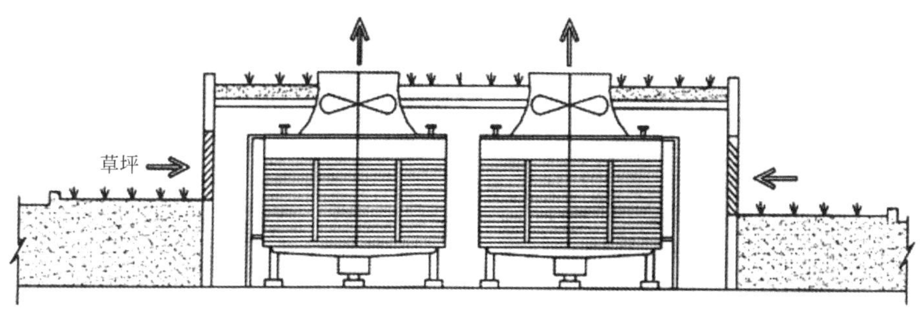

图5.15　绿化隐藏式冷却塔布置示意图

（图5.14、图5.15资料来源：宋永超.关于地铁车站风亭及冷却塔设置问题的探讨.中国铁道学会铁路暖通空调专业2006年学术交流会，2006.）

5.5　柱网布置

岛式车站站体宽度一般较窄，约25～30m，因此设在岛式车站上方的地下商业街，如果要保证商业走道无柱的话，其走道宽度往往受限于两排柱子之间的间距。如某岛式车站，其站台中两排柱之间的净距为6.1m，再加柱子直径为0.9m，所以从柱中心到柱中心的距离为7m，另外柱外侧的站台宽度为2.5m，再加上轨道区间，外侧为5.8m，适合于小型零售或餐饮业态布局（图5.16～图5.18）。

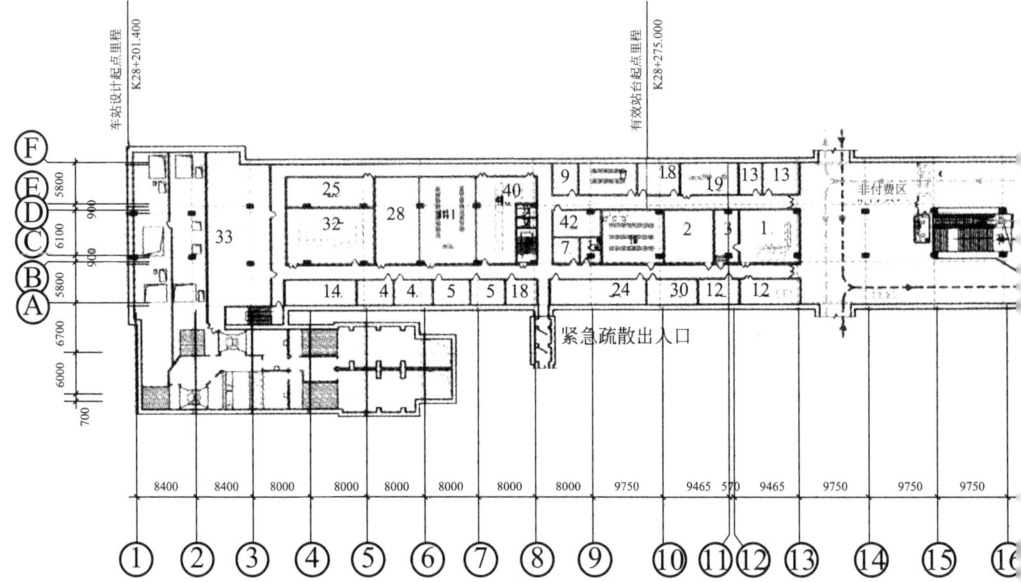

说明：

1.本图尺寸除高程以米计外，其余均以毫米计。

2.图中所注高程为绝对高程。

3.站厅层公共区地坪装修层厚度为200mm。

4.站台层地坪装修层厚度为100mm。

5.本图比例为1:500。

房间编号	房间名称	房间编号	房间名称	房间编号	房间名称	房间编
1	综合控制室	7	舆洗室	13	警务站	19
2	综控设备室	8	专用卫生间	14	人防信号室	20
3	值班站长室	9	清扫工具间	15	通信设备室	21
4	男/女更衣室	10	垃圾间	16	商用通信设备室	22
5	男/女休息室	11	垃圾收集间	17	公安通信设备室	23
6	车站备品库	12	AFC票务室	18	通号电缆引入室	24

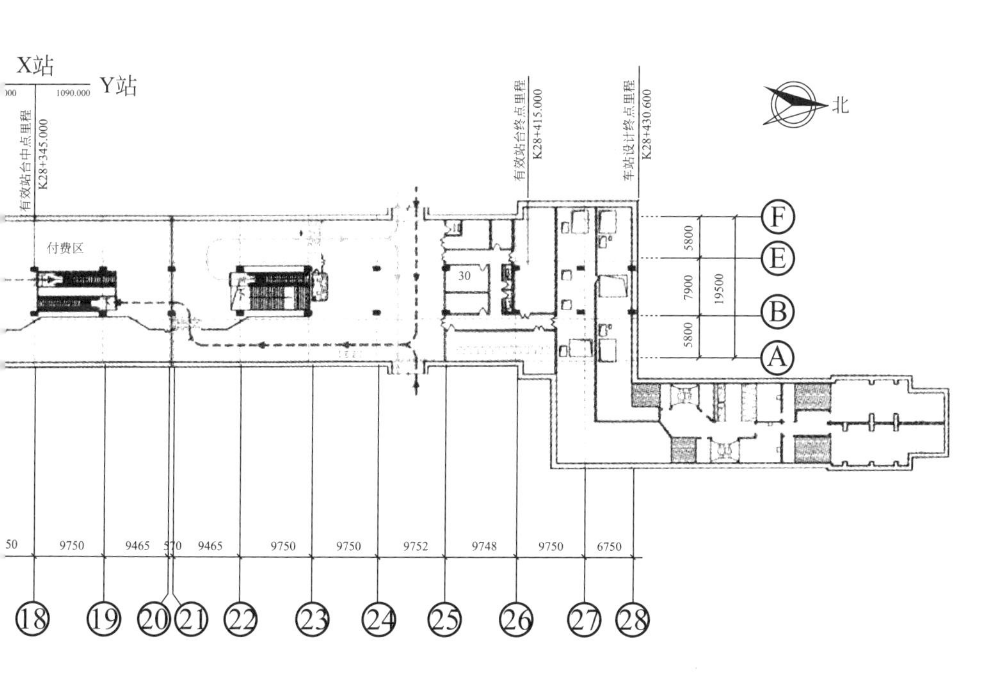

间名称	房间编号	房间名称	房间编号	房间名称	房间编号	房间名称
号设备室	25	钢瓶间	31	电缆井	37	公共卫生间
号电源室	26	牵引降压变电所	32	环控电控室	38	客服中心
门设备室	27	隔离开关柜室	33	暖通与空调机房	39	监票亭
水泵房	28	电源整合室	34	冷冻机房	40	蓄电池室
水泵房	29	再生能室	35	隧道柜室	41	专用信号设备室
防泵房	30	照明配电室	36	商业用房	42	会议交接班室

图5.16　某地铁站方案站厅层平面布局图

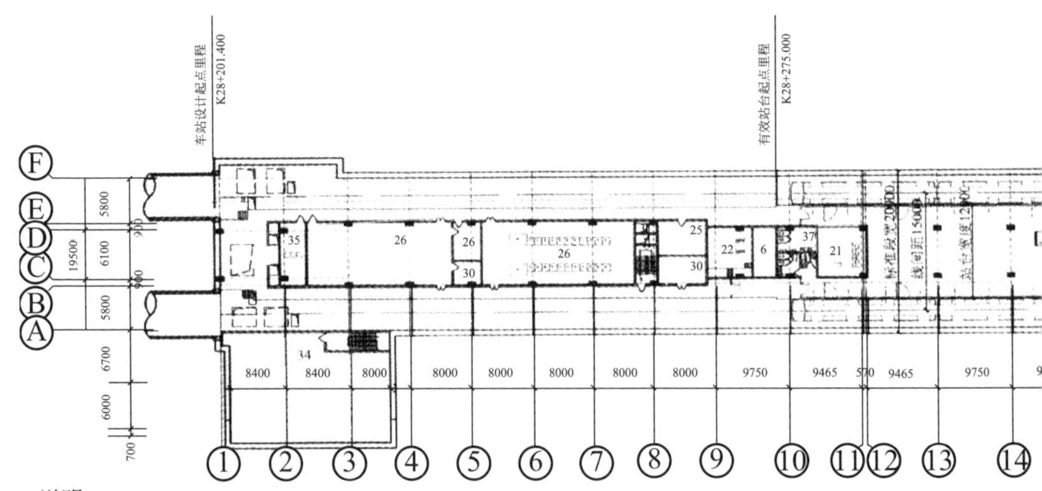

说明：
1.本图尺寸除高程以米计外，其余均以毫米计。
2.图中所注高程为绝对高程。
3.站厅层公共区地坪装修层厚度为200mm。
4.站台层地坪装修层厚度为100mm。
5.本图比例为1:500。

房间编号	房间名称	房间编号	房间名称	房间编号	房间名称	房间编
1	综合控制室	7	舆洗室	13	警务站	1
2	综控设备室	8	专用卫生间	14	人防信号室	2
3	值班站长室	9	清扫工具间	15	通信设备室	2
4	男/女更衣室	10	垃圾间	16	商用通信设备室	2
5	男/女休息室	11	垃圾收集间	17	公安通信设备室	2
6	车站备品库	12	AFC票务室	18	通号电缆引入室	2

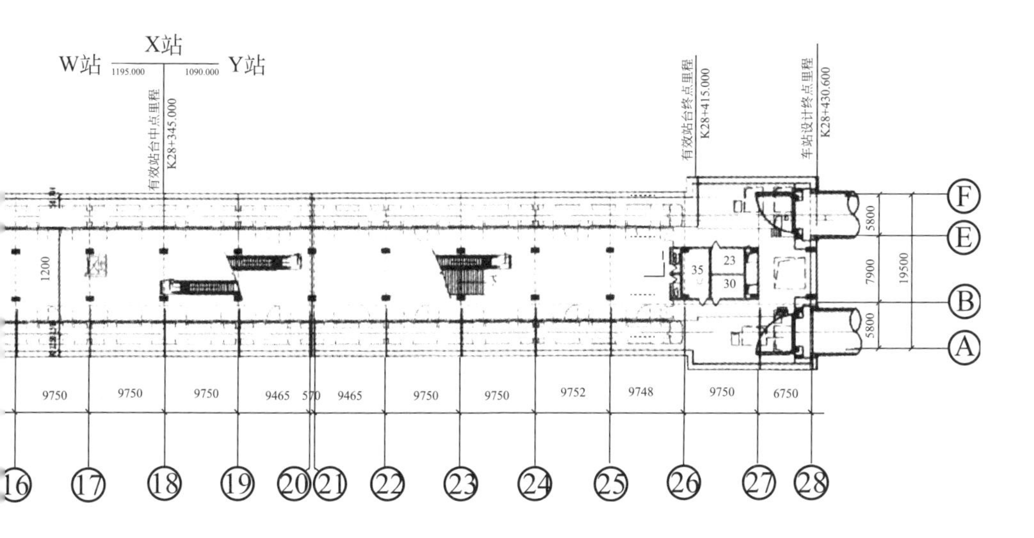

间名称	房间编号	房间名称	房间编号	房间名称	房间编号	房间名称
号设备室	25	钢瓶间	31	电缆井	37	公共卫生间
号电源室	26	牵引降压变电所	32	环控电控室	38	客服中心
门设备室	27	隔离开关柜室	33	暖通与空调机房	39	监票亭
水泵房	28	电源整合室	34	冷冻机房	40	蓄电池室
水泵房	29	再生能室	35	隧道柜室	41	专用信号设备室
防泵房	30	照明配电室	36	商业用房	42	会议交接班室

图5.17　某地铁站方案站台层平面布局图
[图5.16、图5.17资料来源：毛保华.城市轨道交通规划与设计[M].3版.北京：人民交通出版社股份有限公司，2020.]

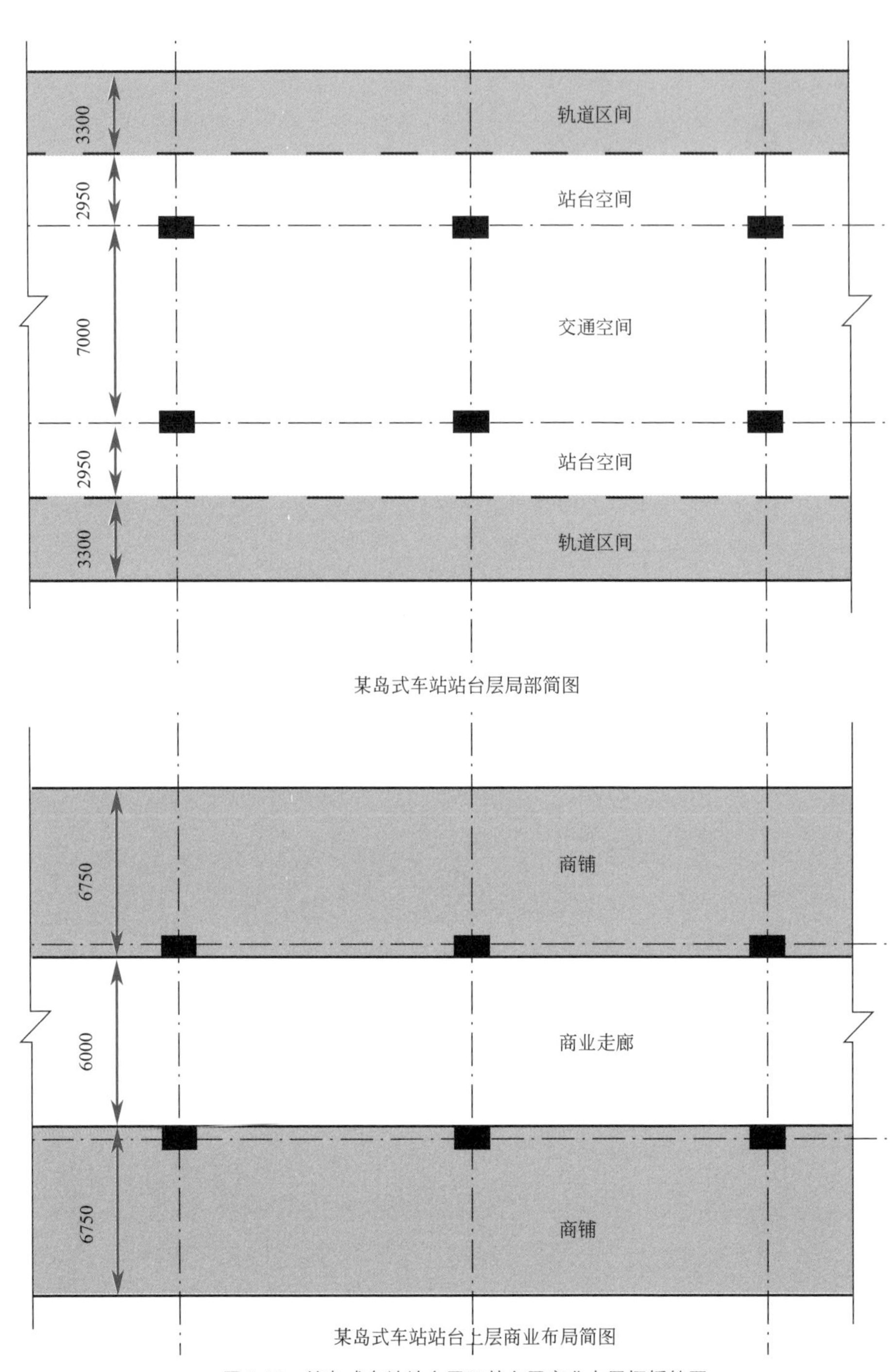

图5.18　某岛式车站站台层及其上层商业布局概括简图

从剖面上看，地铁垂直上方地下商业街成立的条件是，商业公共走道处的净高应在3m以上。根据经验，站厅层地坪装修面距离楼板结构面的净高不小于4.9m，基本上能保证站厅装修后吊顶至站厅的高度不低于3m（图5.19、图5.20）。

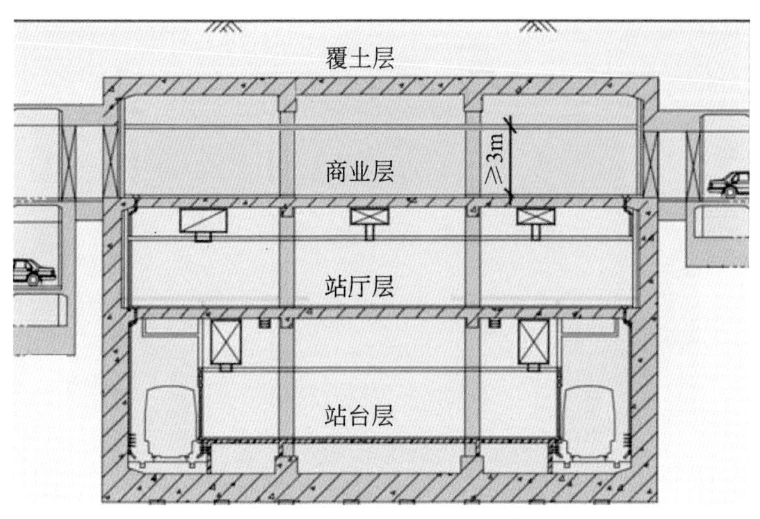

图5.19　地铁垂直上方商业街设置

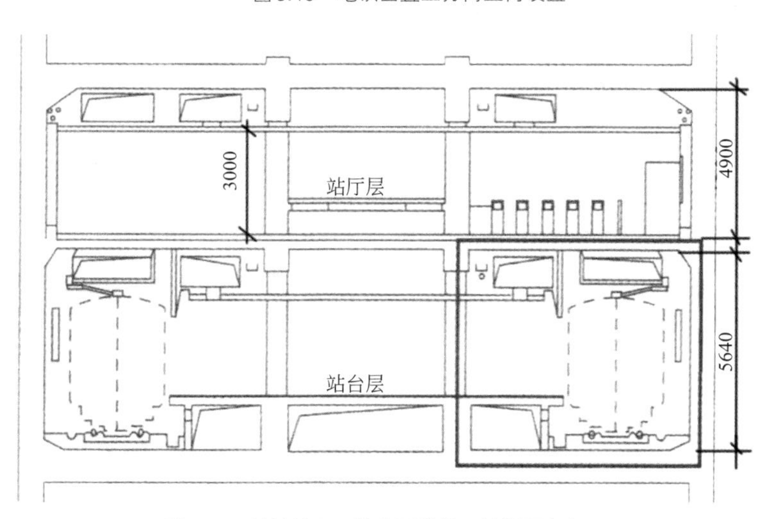

图5.20　地铁站厅、站台层楼板至结构面净高

（资料来源：毛保华.城市轨道交通规划与设计[M].3版北京：人民交通出版社股份有限公司，2020.）

另外，若步行商业街设于城市道路下方，且地铁为浅埋方式的话，则只能让商业街与站厅层尽可能平层衔接（图5.21）。

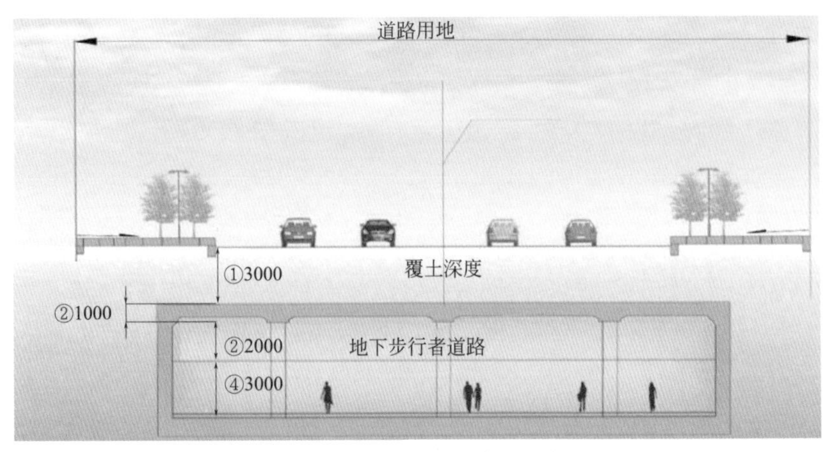

图5.21　地下步行商业街剖面示意图

注：① 覆土厚度（用于管线埋深）；
② 结构板及梁（板厚700 ~ 800mm，梁高1000 ~ 1500mm，以具体结构计算为准）；
③ 设备空间（高1500 ~ 2000mm)；
④ 商业净高，尽量在3500mm以上，最低处不低于3000mm。

考虑到国内地铁的站厅层总宽度为20～30m，结合商业不同业态的基本进深要求（表5.3），对于无主力店的地下商业街（位于地铁区间上方）建议采用单动线布局（图5.22）。

表5.3　地下商业街商铺类型与进深取值

业态类型	进深/m
小型店铺	6～8
品牌店	12
高级服装店/餐饮	10～15
书店/便利店	10

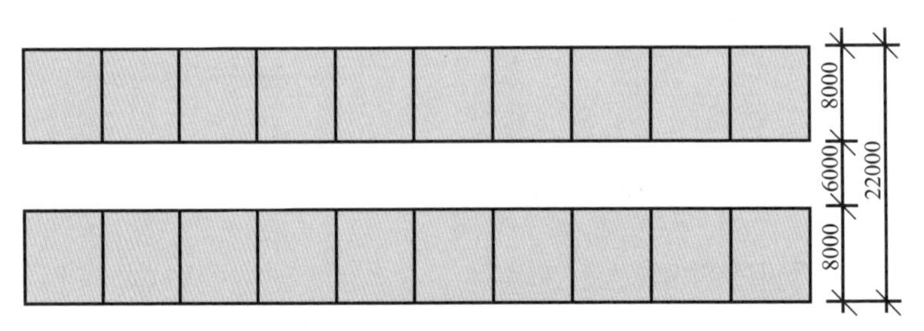

图5.22　单动线商业街布局平面示意图

如果是非地铁区间正上方的无主力店地下商业街，20 ～ 40m 进深的建议以单动线为主，30 ～ 60m 可考虑双动线[1]（图5.23）。所谓双动线即两条动线之间以通透的岛铺为“中介”。一般在一些并联双岛式轨交线路上方可以考虑双动线的地下商业街布局模式（图5.24）。

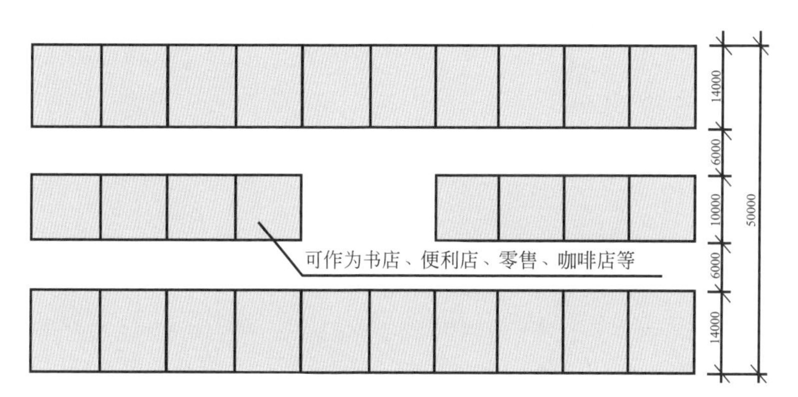

图5.23　双动线商业街布局平面示意图(单位：mm)

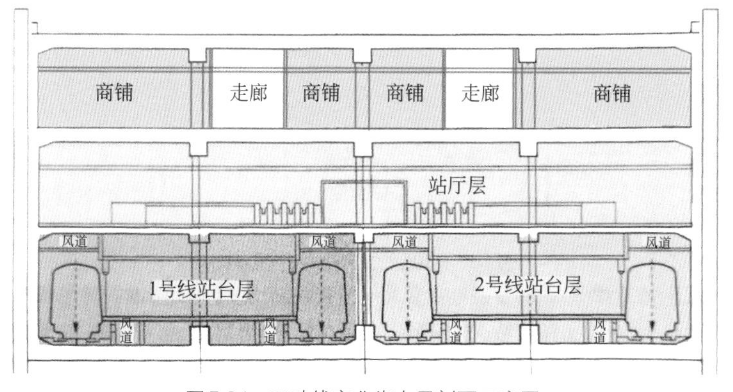

图5.24　双动线商业街布局剖面示意图

5.6　结构与施工

一般而言，若地铁上方地下商业街与邻近建筑非同步施工，则两者之间很可能会出现高差甚至台阶。但若同步设计和施工，则可以实现地下商业与邻近建筑在地下尽可能平接，此时最多考虑 1 ～ 3m 的留缝衔接的问题。可以采用

[1] 并联双岛式轨交上方也可考虑双动线布局方案。

地下空间板向外延伸的方式，用以缝合这1～3m的差距，从而形成一个统一的空间❶（图5.25）。

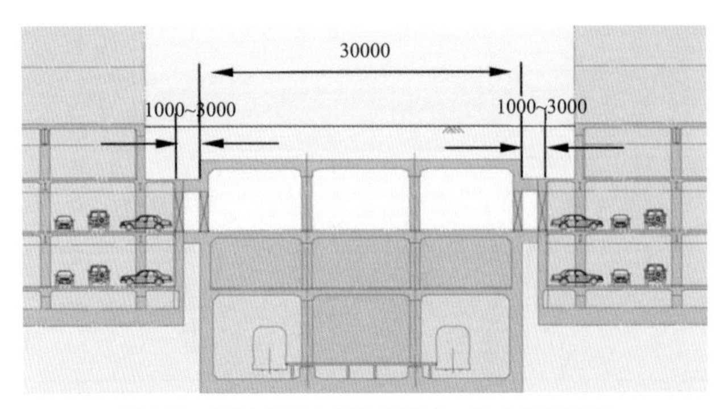

图5.25　通过地下空间挑板实现一体化空间设计

如果地铁与相邻商业项目确需不同步施工建设，地块开发往往需要大幅度地退让已建轨交线路。按照一般规律，地块开发需退让轨道交通至少1倍坑深，这使得地块的开发受到很大的限制。为了避免出现这个问题，可以考虑预先采用结构预留的方式。结构预留可以视地铁先建或后建情况，采用地铁代建或开发企业代建这两种方式中的一种。采用地铁代建方式的案例有上海南京西路42号地块开发（图5.26）。在该案例中，为了保证项目未来与地铁的无缝衔接，地铁在两跨范围内做先期结构代建。另一个案例——上海龙阳路地铁站则采用了企业代建方式，近期建设为地下停车库，远期可做机场线设施（图5.27）。

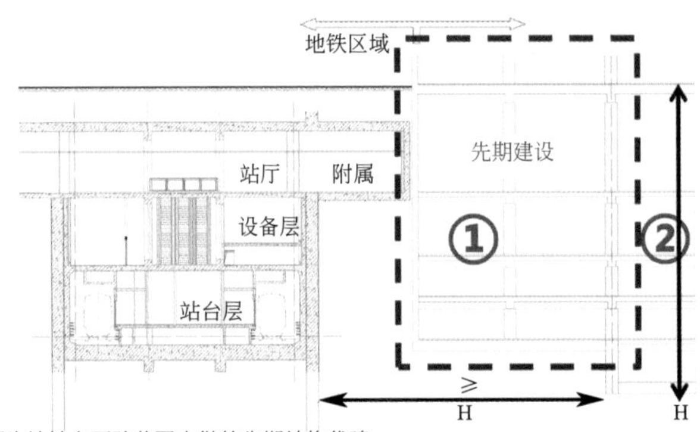

注：虚线框选范围为地铁在两跨范围内做的先期结构代建

图5.26　上海南京西路42号地块局部剖面图

❶一体化建设需考虑民用建筑与轨交站体使用年限长短不一的问题。

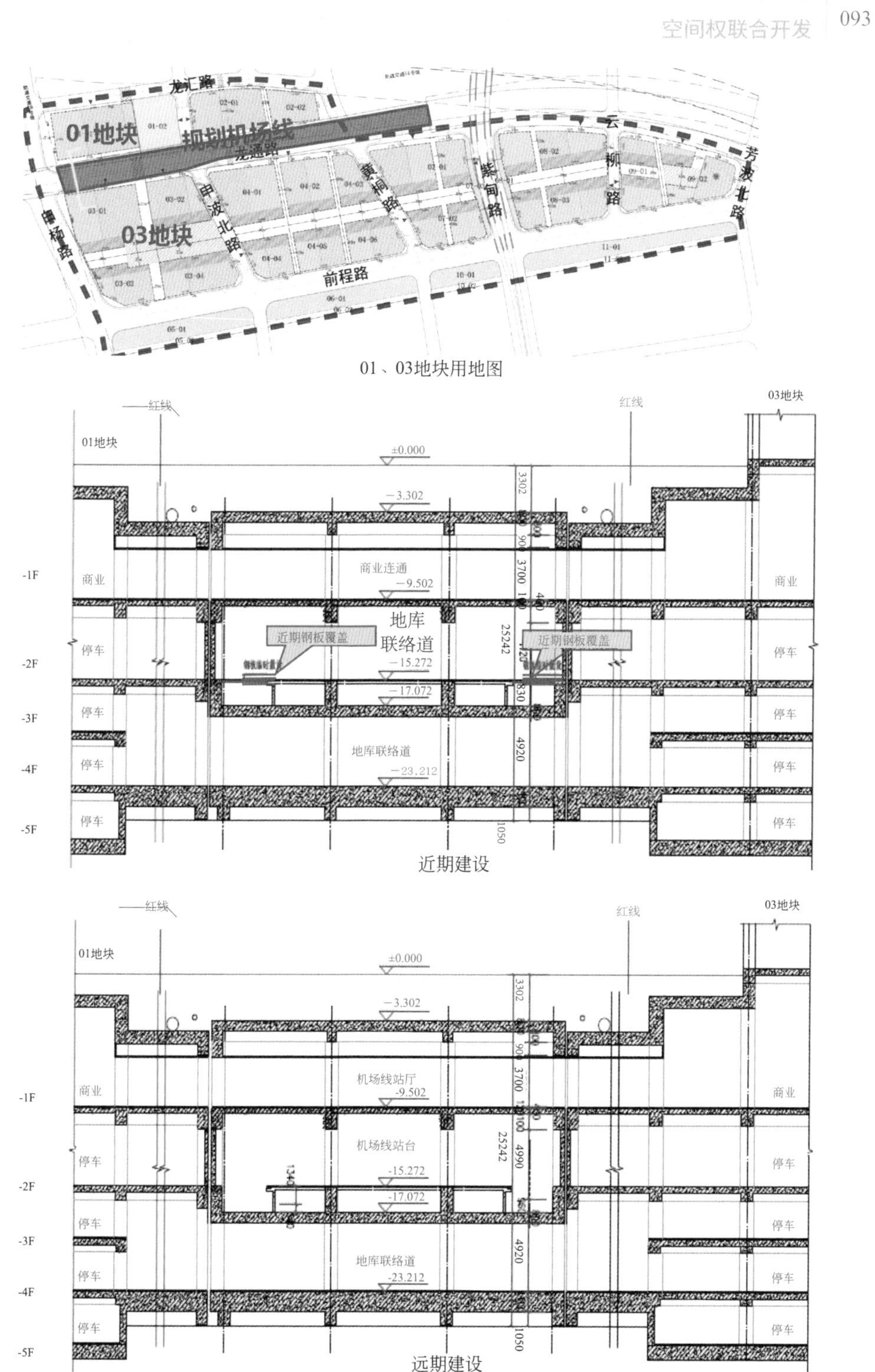

图5.27　上海龙阳路地铁站01、03地块企业先期代建预留模式示意图

5.7 消防与防灾

地铁及地铁上盖地下商业街与周边建筑连接时，应考虑一定的消防缓冲设计。一般有两种缓冲形式：一种是设置下沉式广场（图5.28）；另一种是设置缓冲空间，如设连接通道（至少一个柱跨）（图5.29），且该缓冲空间需有直接对外疏散的楼梯

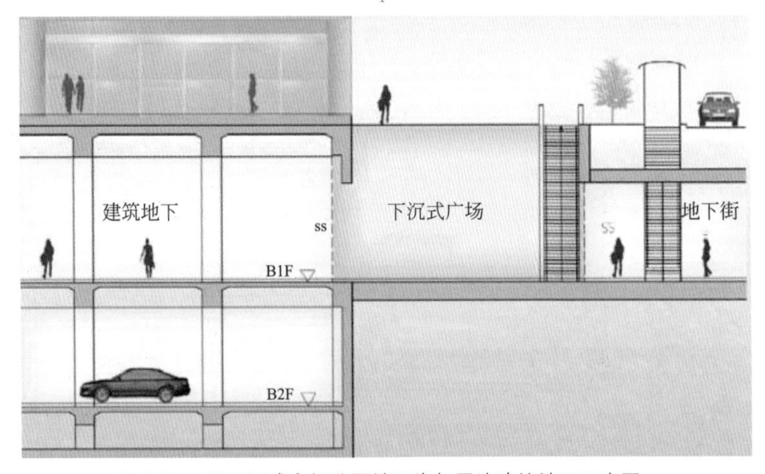

图5.28　用下沉式广场分隔地下街与周边建筑地下示意图

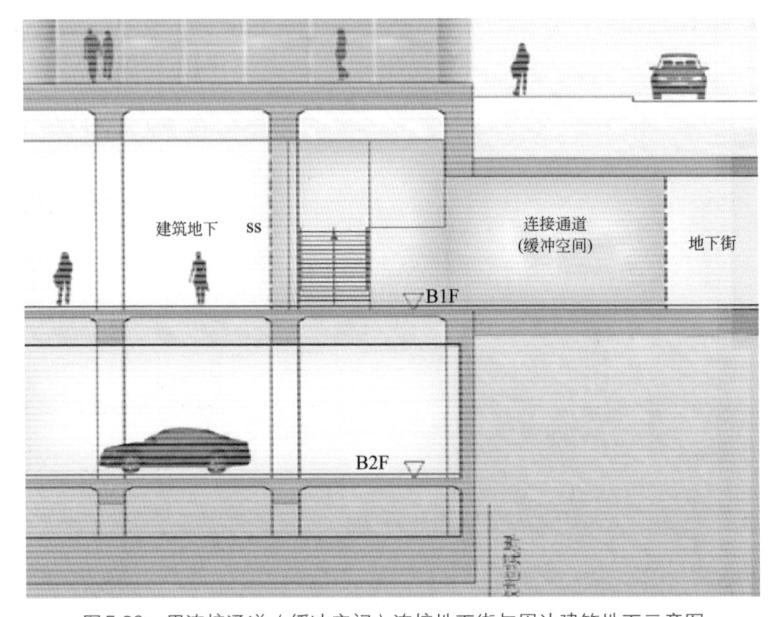

图5.29　用连接通道（缓冲空间）连接地下街与周边建筑地下示意图

及自动扶梯，连接通道两侧应有防火分隔设施。日本地下空间开发较早，积累了很多消防防灾方面的经验，这些经验都值得我们借鉴。如日本的规范标准《关于地下街相关的基本方针》中就提到，地下商业街与地铁站用防火卷帘门进行双重分隔，当发生火灾等紧急情况时相互间可以隔开。另外，当疏散楼梯设置在建筑内时，还应注意以下几个设计细节（图5.30）：

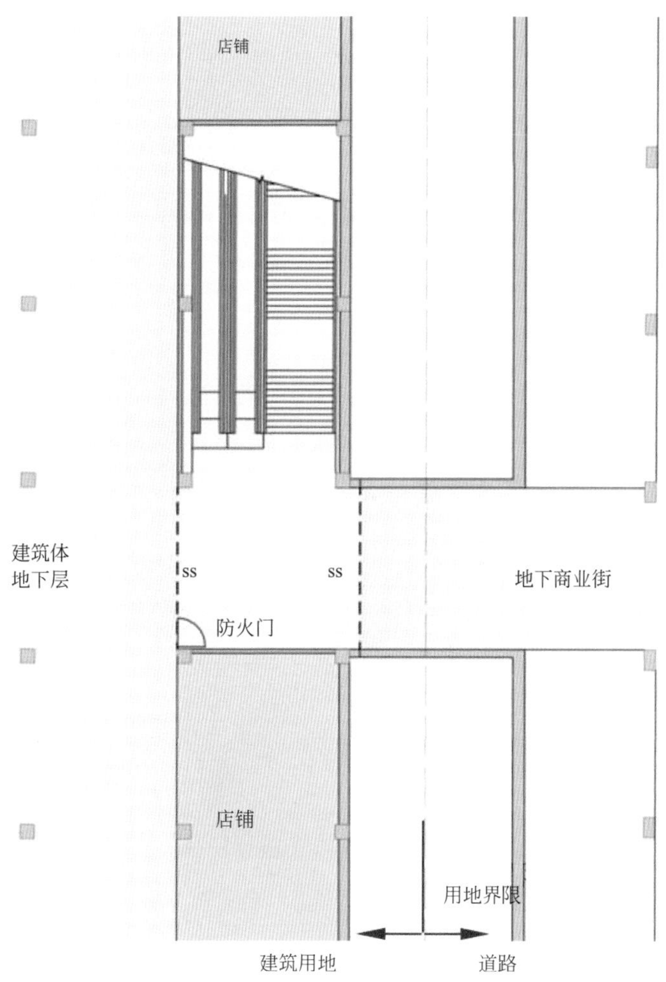

图5.30　设置在建筑内的分隔地下街与周边建筑地下的疏散楼梯示意图

① 疏散楼梯边上应设置自动扶梯；

② 疏散楼梯宽度至少2m，且楼梯总宽度应不小于通道宽度，实有困难时，

可以计入扶梯宽度；

③ 地下空间与建筑物两侧均应设防火门；

④ 楼梯的地上部分不应设门，应以开敞形式与外面连接；

⑤ 不得在楼梯中间（与建筑物地下一层）进行连接。

另外，此规范中还提出了几点值得参考的做法。

（1）建议在地下公共人行通道的端部和步行距离不超过50m的位置，设置与其他部分隔离的防烟分区。这个防烟分区被认为是有利于防灾的广场，称为“安全分区”，要求既使用机械排烟，也要用防火卷帘进行分隔。因此在地下街的平面布局上，建议每隔100m设置一个节点空间，这个节点空间可以同时兼作安全场所，该安全场所同时设置疏散楼梯直通地面（图5.31）。

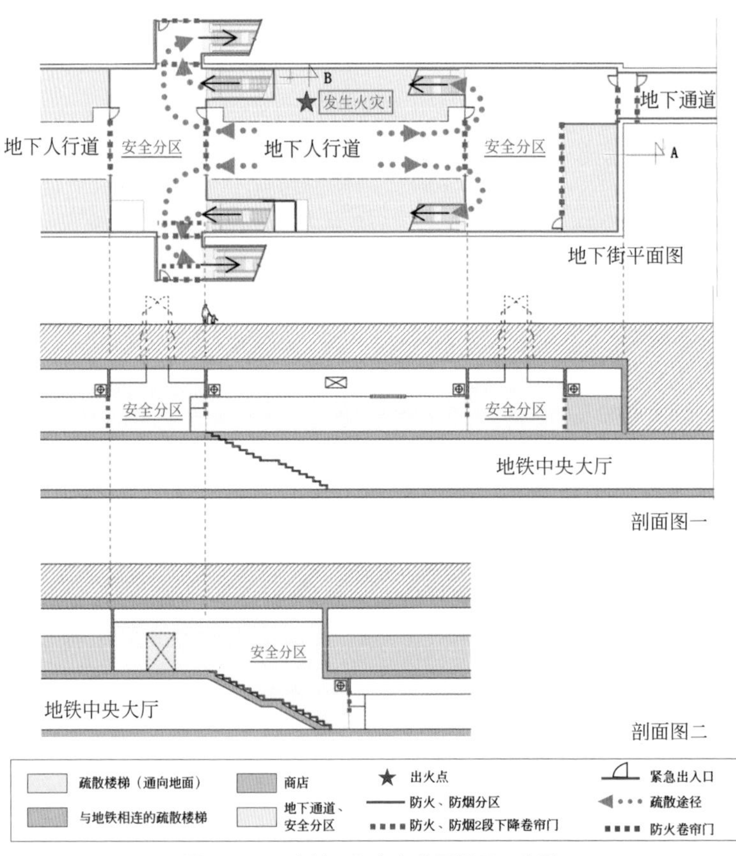

图5.31　日本地下街安全分区设置示意图

（2）根据日本标准的特殊做法，其在地下公共人行通道不设置防火分区（主要是为了确保火灾时疏散通道的畅通），而在店铺上规定，每200m^{2}划分为一个防火分区，店铺之间用防火墙隔开，公共地下人行道采用防火防烟卷帘门隔开。另外，面向广场节点的店铺开口处，采用带防烟薄板的防火卷帘门+内设金属丝网的玻璃屏（防火玻璃）。

（3）对于火灾隐患较大涉及用火的店铺（如餐饮等），一方面限定其数量，另一方面将其集中布置在与其他商铺隔开的防火分区（或防烟分区）内。

在地下空间中也可采用天窗、光导管等设施将自然光线引入地下，以提高舒适性和防灾性能。如大阪市江坂车站站前公园就在地下一层自行车库的天花板及墙壁上，设置了许多天窗及通顶空间，使地下空间更为明亮，同时这些天窗及通顶空间也成为公园设计的有机组成部分（图5.32）。

图5.32　日本大阪江坂车站站前公园地下空间开发示意图

5.8 业态策划

TOD商业中与地铁紧邻的地下商业部分，其业态规划一般分为两种情况。一种是位于大型商业或购物中心下方，与地上商业为同一权属关系。这种情况下的地下商业一方面可利用地铁人流导入的便利，另一方面又可与地上商业形成业态互补。一般此类地下商业常会布置一些主力业态及与之契合的小型店铺。如广州天河城购物中心在地下一层设置了主力百货吉之岛，上海月星环球港购物中心地下一层设有主力超市TESCO乐购以及数码、餐饮、健身等业态。另一种是独立运营的地下商业街，其业态布局与选择应从其自身效益角度出发。以日本为例，其主要的一些地下商业街零售业的比例基本为50%～80%。图5.33中的三类业态的比例——零售67.8%、餐饮28.1%、服务4.1%，只是面积构成的平均值。另外，从这些地下商业街的营业额平均贡献度（单位面积的营业额）来看，零售业为1.23，餐饮业为0.53，服务业为0.56（表5.4）。因此，新建地下商业中的业态结构比例，也大致可以按照零售业占比60%～65%、餐饮业25%～30%、服务业5%～10%来确定。

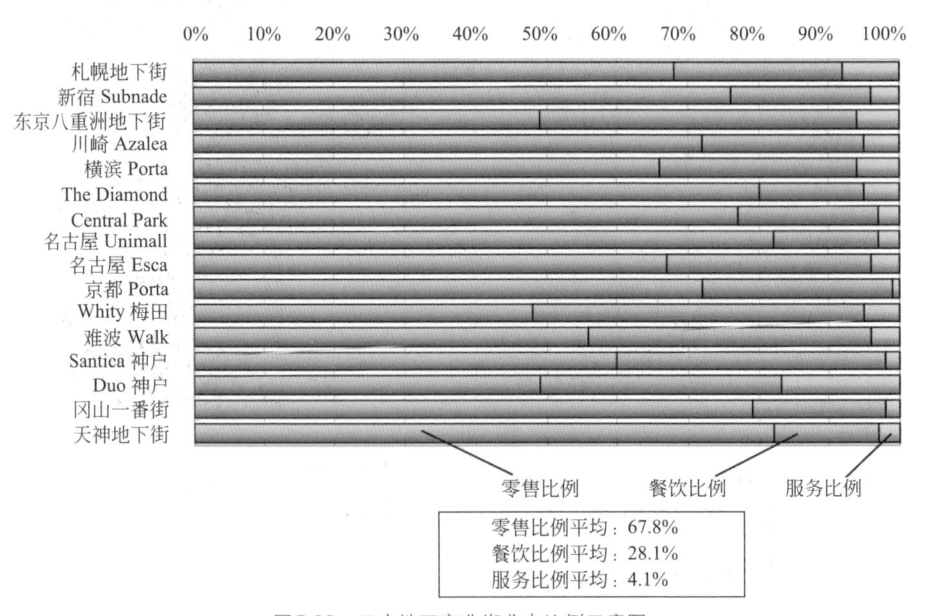

图5.33 日本地下商业街业态比例示意图

表5.4　日本主要地下商业街业态面积比例与贡献度

地下街名称	商品销售额比例/%	商品用地面积比例/%	商品贡献度	饮食销售额比例/%	饮食用地面积比例/%	饮食贡献度	服务销售额比例/%	服务用地面积比例/%	服务贡献度
札幌地下街	86.9	67.8	1.28	8.6	23	0.37	4.5	9.2	0.5
新宿Subnade	90	75	1.2	10	21.1	0.47	含商品销售额	3.9	—
东京八重洲地下街	75	49.4	1.52	21.8	44.5	0.49	3.2	6.1	0.5
川崎Azalea	84.5	70.4	1.2	13.1	25.2	0.52	2.4	4.4	0.5
横滨Porta	80.7	65.9	1.22	16.7	28.4	0.59	2.5	5.8	0.4
The Diamond	91.3	80.1	1.14	6.6	15.6	0.42	2.1	4.3	0.5
Central Park	89.9	76.8	1.17	8.3	19.9	0.42	1.7	3.2	0.5
名古屋Unimall	92.4	81.5	1.13	7.2	17.7	0.41	0.4	0.8	0.5
京都Porta	86.1	72.6	1.19	13.8	27.3	0.51	含商品销售额	0.1	—
Whity梅田	63.7	48.9	1.3	33.7	47	0.72	2.6	4.1	0.6
难波Walk	72.1	57	1.26	25.7	39.8	0.65	2.2	3.2	0.7
Santica神户	73.7	61.4	1.2	26	38.1	0.68	0.3	0.4	0.8
Duo神户	69.7	50	1.39	21.2	33	0.64	9.1	16.5	0.6
冈山一番街	91.9	80	1.15	7.9	19.6	0.4	0.2	0.4	0.5
天神地下街	89.3	83	1.08	9.9	15.7	0.63	0.8	1.2	0.7
地下街平均	—	—	1.23	—	—	0.53	—	—	0.56

还有一个规律，从日本案例中可以看到，当商业有效面积（出租面积）增大时，零售业比例呈现降低趋势。如当商业出租面积达到近20000m^2，零售业比例就降低到40%～45%（图5.34）。相比之下，从国内的地下商业街业态布局来看，运营尚可的地下街，零售业态比例基本控制在30%以内，有些甚至更低。如上海五角场太平洋森活天地，其餐饮业态比例就相当高。

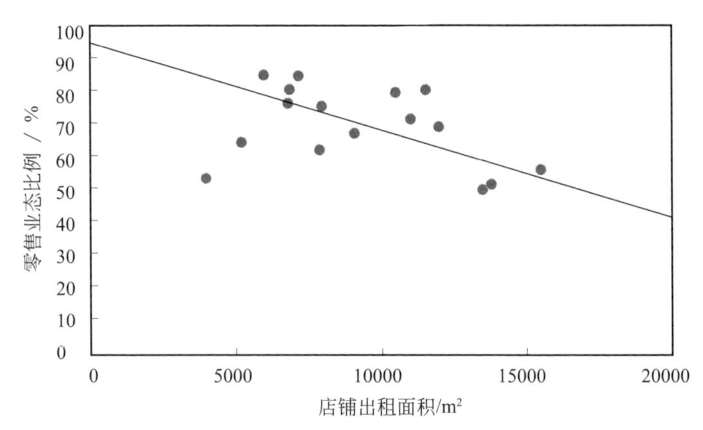

图5.34　日本案例中关于零售业态比例与店铺出租面积大小关系的规律

日本在地下商业街业态规划时提出如下几条思路，值得我们借鉴：

① 设置能满足当地居民要求的商业；

② 具有其他商业街所没有的特色商业；

③ 汇集具有承担租金能力的商铺租户；

④ 考虑邻近商业内容的业种及业态结构；

⑤ 周围设置具有社会影响力的设施结构。

此外，餐饮店结合防火分区的划分宜集中布局。由于其设备投资比零售店大，而且不易改变规格，因此在布置规划中也应慎重对待。

5.9　空间权联合开发的设计思路

对于空间权联合开发的TOD商业项目，在规划设计中应遵循较为明晰的思路。该思路可以总结为以下几点。

5.9.1　确定TOD开发模式

首先要明确项目是属于地上有商业的项目还是无商业的项目，同时还要确定与地铁等交通设施在空间组合上是属于竖向叠加式、半融合式还是全融合式。不同的开发模式，其动线布局、业态规划、消防及结构措施都会有所不同，面临的挑战也可能会不同。

5.9.2 八大空间规划要素

空间规划要素包括以下八个方面。

（1）标高关系

如TOD商业的关键层标高与地铁站厅层的站台层标高关系，是否可实现平层无缝衔接，均需在规划阶段予以充分考虑。

（2）接口

对公共交通枢纽与商业体之间接口设置的合理性和有效性需做充分研究。

（3）商业动线规划

商业动线规划应确定商业动线的走向、主通道宽度等（具体计算方式见前文）。

（4）结构技术措施

根据TOD商业与交通设施结合的位置关系及施工先后情况确定相应的结构方案，一般要提前做好结构预留的准备。

（5）消防规划

研究TOD商业的防火分区设置、疏散出入口、疏散路径设计，灵活采用消防缓冲空间、下沉式广场、避难走道等的布局来优化消防设计。

（6）业态规划

根据项目特点、规模大小进行业态构成及比例的规划，并要考虑今后的运营、管理因素。

（7）配套系统规划

配套系统包括货运系统、停车配套设施等。比如货运系统，从货物装卸区至各商铺的水平移动距离最大为200m左右，同时根据业态需求做好货梯布局、垃圾收集设施布局等。

（8）附属设施等细节设计

地铁风亭、冷却塔等出地面的附属设施应在前期做好规划，以尽量减少对商业布局及城市风貌的影响。

5.10 案例分析

5.10.1 案例一：南京某地铁线上盖项目规划

该项目商业地块有两条地铁线路经过，其中5号线在建，10号线尚在规划中。此项目从商业与地铁设施的结合来看，属于全融合式空间模式（3A），其最大难点在于如何通过站体与建筑关系的梳理优化，实现开发物业的增值。如果按照一般的设计方式，此类站体侵入用地红线的情况，会产生退界问题、基坑分区实施问题、结构连接问题。如果地铁外墙与地下室和裙房退界应满足1倍坑深埋深要求，那就需要退界24m左右，这样剩下的有效开发面积所剩无几。最后经过研究，建议采用商业地块与轨交站体结建的方式，使两者净距减少到3m（图5.35、图5.36）。

同时，对地下人行系统结合商业布局做了考虑，使地铁通过下沉式广场、商业中庭、办公塔楼大堂等节点空间与商业区域相连，并提出竖向整体考虑的策略，在地下分别设置标高为-6.11m的商业大平层及标高为-11.20m的地铁站厅层，以尽可能减少地铁的埋深（图5.37），并提出地铁风亭、冷却塔等设施的建设方式（图5.38），建议先期设置临时风亭，后期待开发方案稳定后实施，并向地铁请点切换。

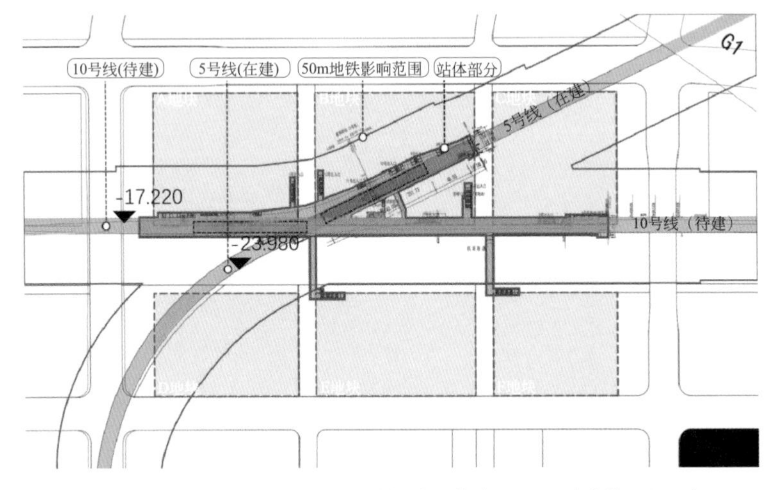

图5.35 地铁侵入用地红线内（红线框为地铁线的50m影响范围）示意图

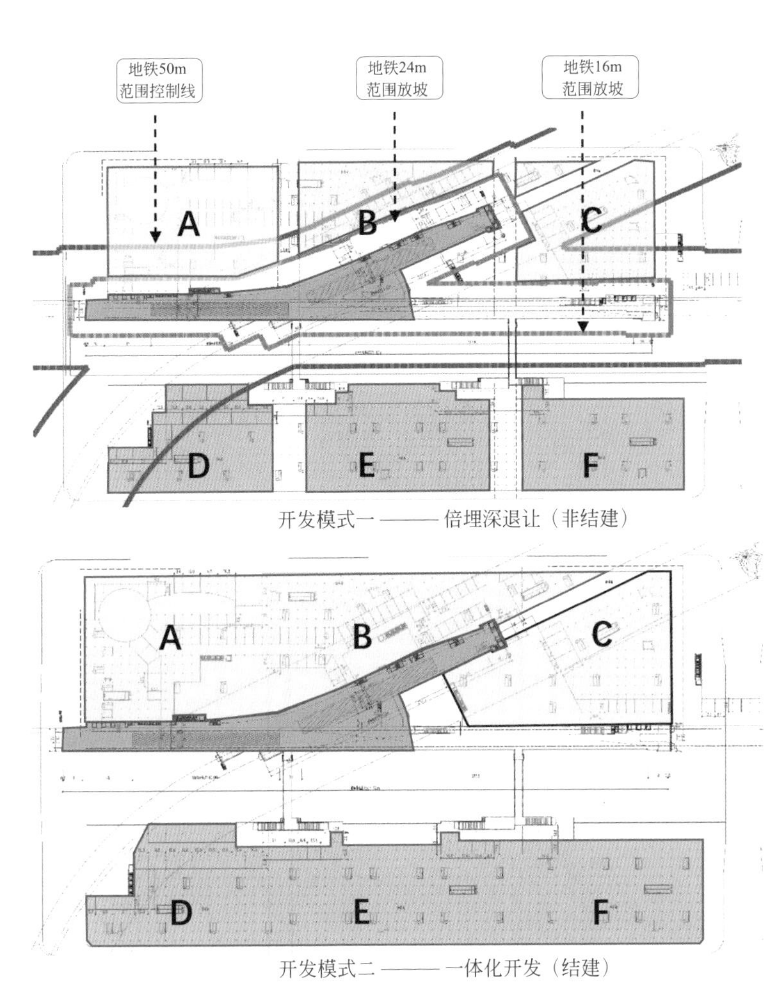

图5.36　轨交站体与商业地块非结建和结建模式比较示意图

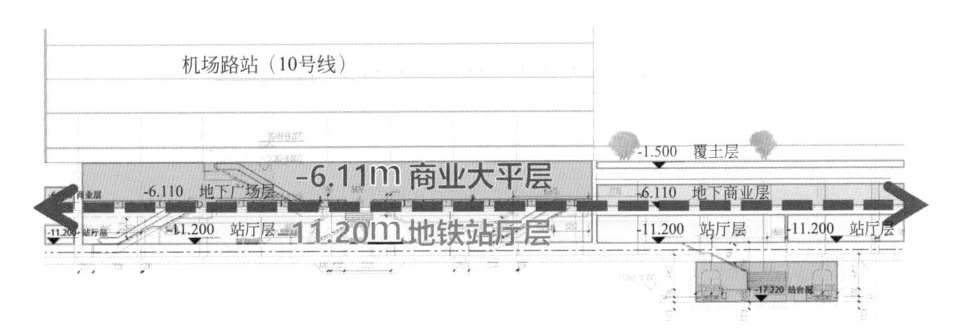

图5.37　商业大平层与地铁站厅层标高设定示意图

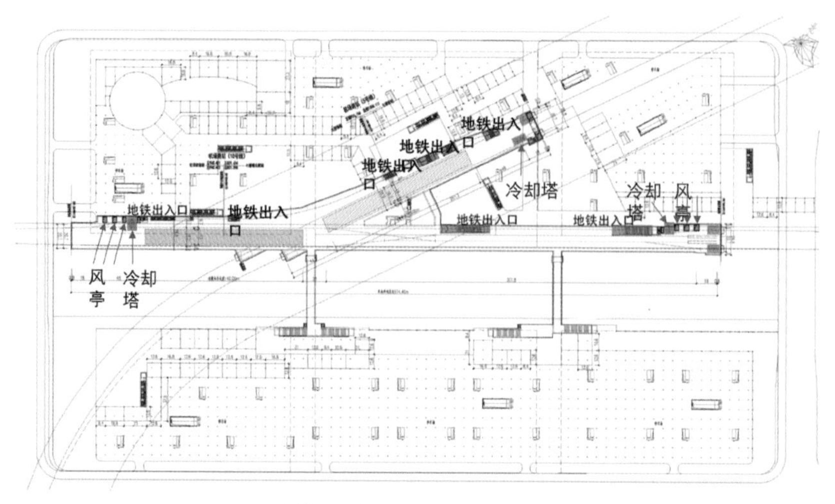

图5.38　地铁风亭与冷却塔设置与地块开发的整合

5.10.2　案例二：上海某地铁商业办公综合开发项目

该项目基地内已有地铁盾构区间斜向穿过，埋深约15m，地上规划设计购物中心、办公塔楼等功能。在上跨运营线路的地块开发中，如何争取更多的可建设用地是开发商最主要的利益诉求点。通过与地铁公司的沟通，最终争取到地下一层埋深5m内的大平层连通，地上在盾构区间上方7m退界范围内也可建设1～2层的商业等条件，使得地上、地下商业的一体化开发成为可能。该项目地上、地下共争取到至少30000m^{2}的可建设面积，减少了地下车库的挖深层数，不仅使商业布局更为流畅，也大大提高了经济效益（图5.39）。

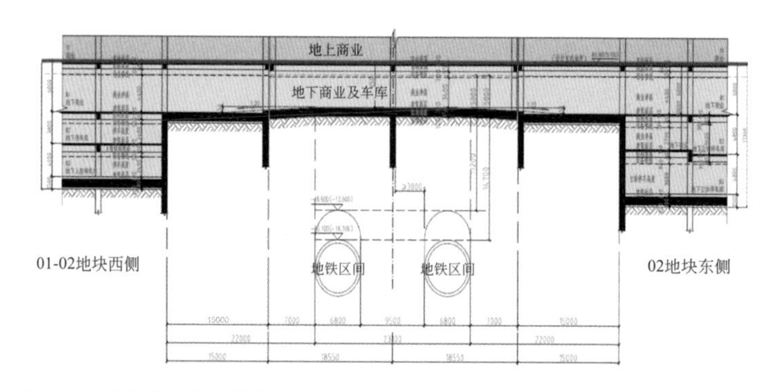

图5.39　在上跨运营中的地铁线路项目剖面（在线路上方争取更多的可建设面积）示意图

第6章

区域联合开发

区域联合开发是指以城市交通枢纽的建设为中心，在其周边联合多个地块进行的区域级开发。区域联合开发的规模和涉及范围都较前两种模式——紧邻联合开发与空间权联合开发要广。区域联合开发体现了TOD开发的基本理念，即TOD开发的本质不仅是解决城市的交通问题，而且融合了城市功能布局的要求。

6.1 选址范围

关于TOD的开发范围，有一种说法是其在尺度上有一定的要求。我们来看一个与之相近的词“TID”。TID为Transport Integrated Development或Transport Interchange Development的缩写，一般是指围绕公共交通站或换乘站的少数或一个地块的开发，更类似于项目的运作。如果用开发范围来区别TOD和TID的话，真正的TOD往往指城市片区的一级开发，考虑的范围为50～200hm^2；TID则指若干地块的二级开发，涉及的范围为10～15hm^2。

前者如英国伦敦的国王十字站及其周边开发，涉及用地27万平方米，是全伦敦最大的TOD项目，其中总计50栋新建大楼、20座历史建筑、1900户住宅、20余条步行街、10座公园，新开发的公共空间面积达到约10万平方米，从2008年开发计划开始，历时12年以上才完成。又如日本东京丸之内地区，结合东京站的改造再开发，总用地面积约12000km^2，日本三菱地所对其持续开发建设达120年，这也是一个TOD综合开发的经典案例。

后者如香港九龙站开发，占地面积13.54hm^2，总建筑面积约109万平方米（图6.1）。其重点在于以西铁线九龙站为核心，200m内的集中开发（图6.2），

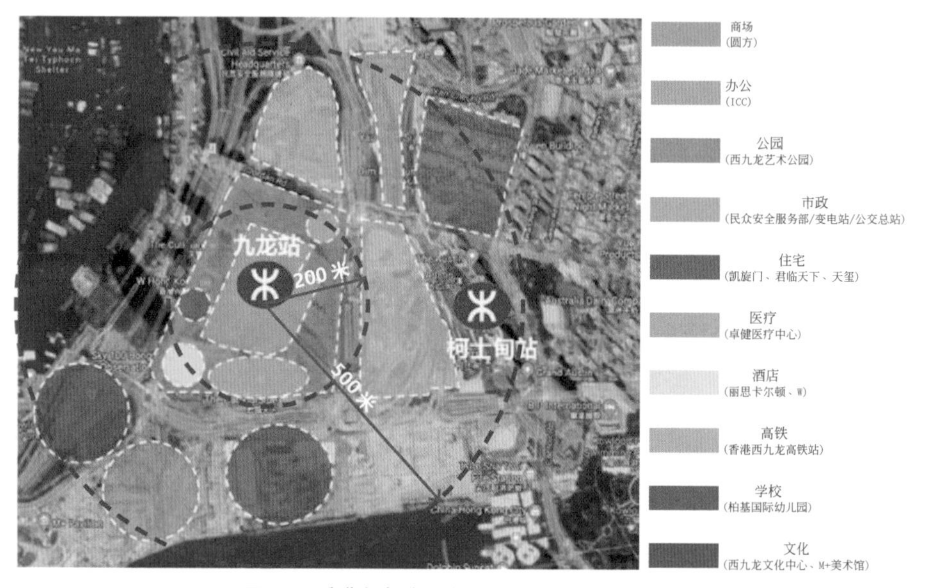

图6.1　香港九龙站周边区域开发用地功能布局

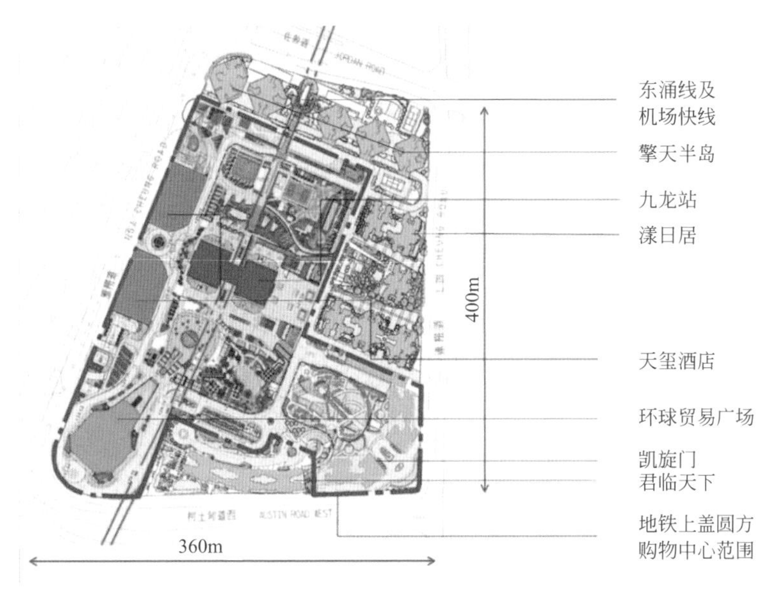

图6.2　香港九龙站核心区总平面布局图

开发包括16座住宅大厦及2座混合用途（酒店/服务式公寓/住宅）大厦，酒店、写字楼及一个约82750m^{2}的购物中心，还有幼儿园、5400个停车位等。其在200m核心区外的200～500m范围内则规划了高密度住宅和休憩空间，此范围建筑通过人行天桥与核心区相连（图6.3）。又如香港青衣站的综合开发，

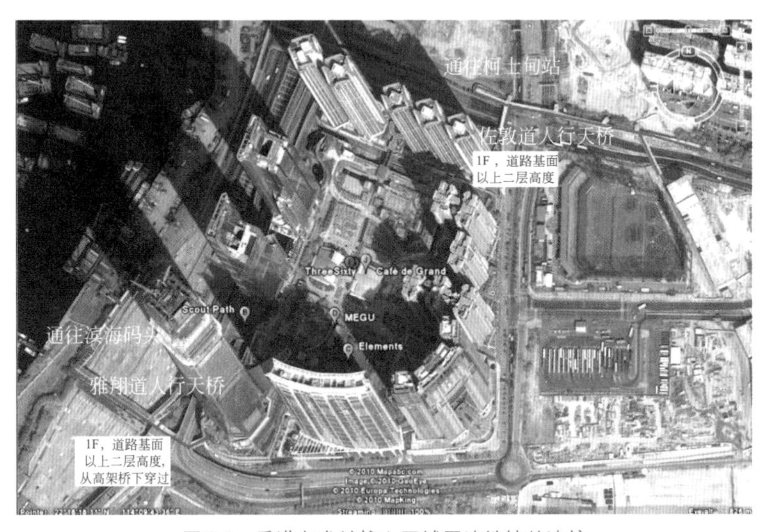

图6.3　香港九龙站核心区域周边地块的连接

也是在青衣站周边200m范围内进行了高密度开发，包括侧盖购物中心青衣城（46170m^2）和住宅区盈翠半岛等，占地面积约5.4hm^2。

据相关统计研究，TOD开发区域内物业的价值与其和交通站点的距离有密切关系。对于商业物业来说，离公共交通枢纽100～200m范围内，商业可增值达26.7%；对于办公物业而言，其价值在距离公共交通枢纽500m之内也是较高的，而在600m以外，办公物业价值就不高了。基于以上研究结果，建议将距交通节点距离最近的200m内作为TOD核心腹地，布局以商业为主的公共功能，200～500m之间开发商办、公寓等综合服务设施。而500～800m之间建议进行以住宅为主的复合开发，这片区域也可称之为“直接腹地”。至于1500～3000m之间的范围需要通过巴士等其他交通工具联系到达，可称之为“间接腹地”（图6.4）。

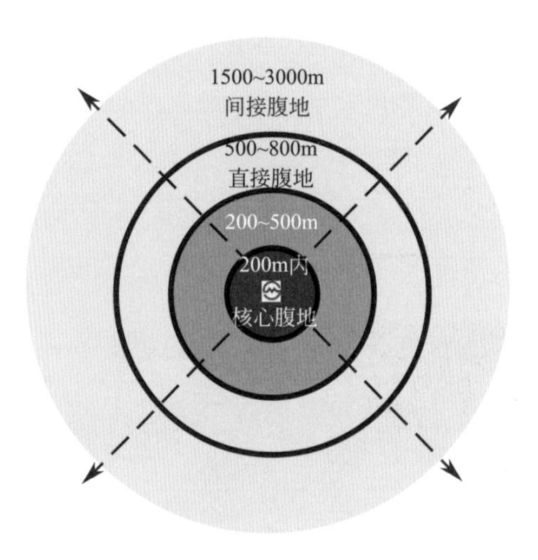

图6.4　TOD开发区域内物业价值与距公共交通枢纽距离的关系

除了上述业态布局上有显著差异外，在开发密度即容积率上也应有梯级变化。以香港为例，其在核心区的商业开发容积率均在10以上。香港《建筑物（规划准则）》中提出，在地铁车站附近每新增加92.9m^{2}的楼地板面积，将额外每天产生60个乘次的客流量，容积率的提高也会带来公共交通客流量的增大，以及物业价值的提升。

另外，一般来说，以普通人5min的平均行走距离300～400m、10min平均行走距离600～800m为计算基础，在TOD城市开发中应做好这两个尺度范围内的深入研究。

当然，公共交通节点的不同能级也会影响到前期的研究范围。我们将公共交通节点大致分为以下三种类型。

(1) 超区域级：地铁+高铁综合枢纽站

该能级的交通枢纽由于辐射范围较广，交通能级大，在规划时还会考虑到周边产业的导入，因此其研究范围是最广的。除研究核心腹地外，还需考虑直接腹地甚至间接腹地。

(2) 区域级：地铁换乘站

多条地铁线汇集使其交通能级也较大，在规划时应至少考虑核心腹地及直接腹地范围。

(3) 地区级：地铁一般站

一般指单一的地铁线路站点，其辐射范围相对有限，在研究时宜考虑以核心腹地为主，同时兼顾直接腹地。

6.2 设计概念

在区域联合开发过程中，还应注意贯彻几个重要的设计理念，而这些设计理念的贯彻与落地，均离不开对商业布局的深入研究。这些理念概括起来体现在如下三个方面。

6.2.1 一体化

过去，公共交通设施如地铁、轻轨、高铁线常常割裂城市，大大削弱了城市的活力。而带有商业的地下或空中人行通道往往成为“缝合”城市空间的手段，流动性和连续性成为TOD城市的特征。也正因为如此，完善的步行系统和步行网络成为TOD城市与传统机动车交通导向的城市的最大区别，而商业就是各个区块之间的“黏合剂”。

6.2.2 人性化

当步行网络、公共开敞空间成为主导元素后，非机动车网络也变得密集起来。城市街区变得更为开放，正所谓“越开放、越安全”。城市空间的人性化更为突出。其中，商业街区的开放性及与城市公共空间的融合成为明显特征。当商业占据建筑的首层时，基地内的私人空间开放给公众，并与城市人行道相互连接，步行者网络的形成变为可能。以东京丸之内TOD开发为例（图6.5），在街区内部形成了大量“中间领域”，该“中间领域”成为了步行者网络的一部分。而且不光是地面，各大厦的地下通路也连成了步行网络。

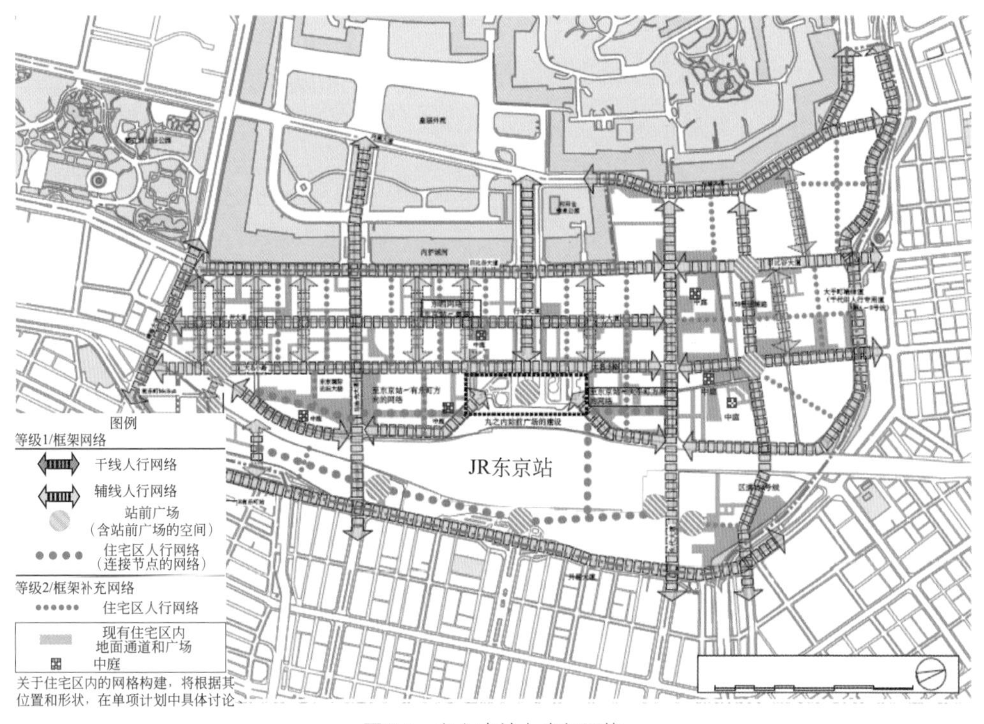

图6.5 丸之内地上步行网络

（资料来源：大手町、丸之内、有乐町地区城市建设座谈会.大手町、丸之内、有乐町地区城市建设导则2014[R].东京：2014.）

6.2.3 多样性

TOD城市的另一大特点在于其功能的混合与多样化，从而提高了城市的丰富性与活力，平衡职住，同时也提升了效率。在多样化功能中，商业功能的多种业态带来的丰富性是最不容忽视的。正如东京丸之内的规划中提到，以丸之内仲街（中街）为中心设置的店铺、咖啡厅和餐厅，提高了街区的回游性，人们徒步就可以感受愉悦（图6.6）。

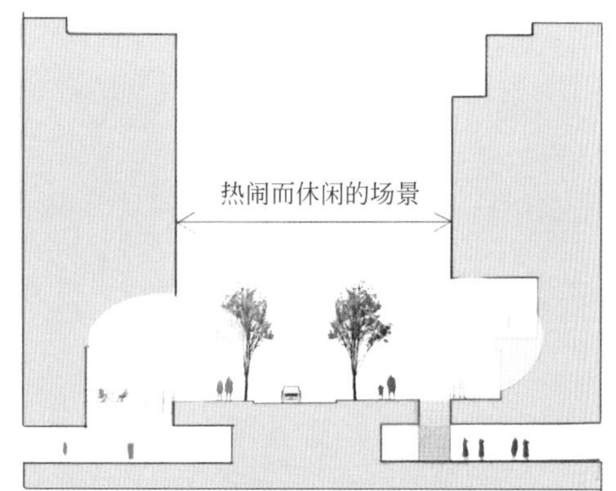

图6.6 东京丸之内仲街街道两侧设置的“中间领域”

6.3 参与者与主导者

大范围的区域联合开发离不开三个主要角色：政府部门、融资机构以及开发商。在我国，政府部门对于促成区域型TOD项目具有决定性作用。无论是从土地资源的取得，还是城市设计导则的确立，以及一些创新性的工作方式如联审审批制度的建立等，都需要由政府相关部门牵头或组织推进。当然，每个大型的区域联合开发TOD项目也是由一个个小的TOD地块构成的，因此开发商的选择也很重要，好的开发商与政府的合作，可以降低项目的风险，并增加项目的可行性。选择开发商如果不够谨慎，就会导致项目出现较大偏差。选择开发商的标准是，其应为一个开发者，而非投机者。投机者的真正目的是闲置土地，并将其转手卖给其他开发者赚取差价。这必然造成开发的延误，尤其是当轨道交通的建设日程较为紧迫的时候。

当然，在合作中，政府部门和开发商都应承担一定的风险，这样才能在联合开发中达到公共利益诉求和目标。而且由于公共机关往往想尽量减少对公共设施长期经营以及维护方面的付出，因此那些在联合开发中专业负责未来商业部分经营的主体应该从一开始就确定下来。与此同时，公共和私人参与者的责任划分也需在项目之初确定。

6.4 因地制宜的开发模式

不同的TOD区域应具有不同的特色，在规划时应避免“千城一面”。笔者认为，可以从区域的潜质出发来发掘特色，这里提出三种开发模式以供参考。这三种模式分别为田园都市模式、城市更新模式和CBD模式。必须注意的是，任何一种模式的选择都是因地制宜的产物，不可随意套用。

6.4.1 田园都市模式

田园都市模式一般用于郊区TOD片区的开发。这种模式又可细分为两种，分别为“车站+商业”或“车站+公园+商业”布局。

(1)“车站+商业”布局

“车站+商业”布局最典型的案例要数日本的多摩站区域开发了。多摩站周边区域开发又叫“多摩新镇”，是承接东京人口外溢而形成的卫星新城。其核心区是依托于多摩车站而开发的TOD商业。它既有目的型商业如Hello Kitty主题商业、家居、影城等，也有配套商业，且均紧靠车站周边设置。其中在站体两侧就设有多摩商业街、Ito Yakado美式超市及Forest 购物中心，再加上站内商业构成了一个非常丰富多元的商业环境。由于该区域定位为宜居的TOD新城及绿色低密度住宅区，因此“车站+商业”的布局方式非常适合这种TOD新城的定位。同时在车站商业中还整合了公交换乘枢纽，使其进一步成为区域的交通中心。

与车站结合紧密的业态布局，均为满足日常生活所需的社区型商业业态。值得一提的是，离车站不远处还有一个Hello Kitty 主题乐园，融餐饮购物、演艺、游乐于一体，吸引了一批来自东京市中心的目的性消费人群，同时也大大拉动了多摩本地的客流，提升了区域人气，连周边住宅的价值也得到了提升（图6.7）。

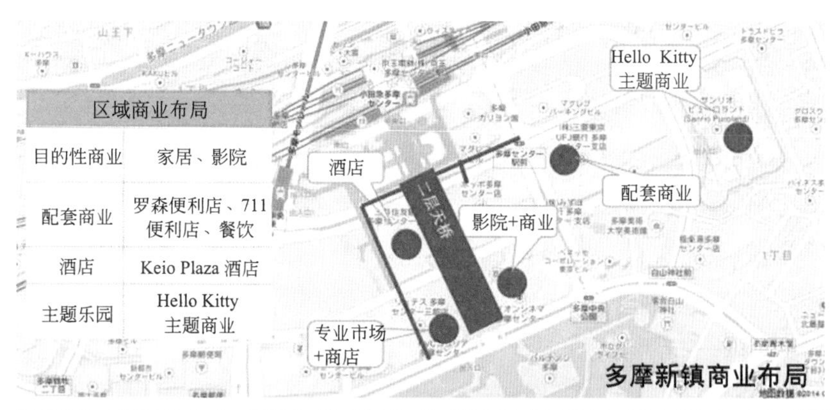

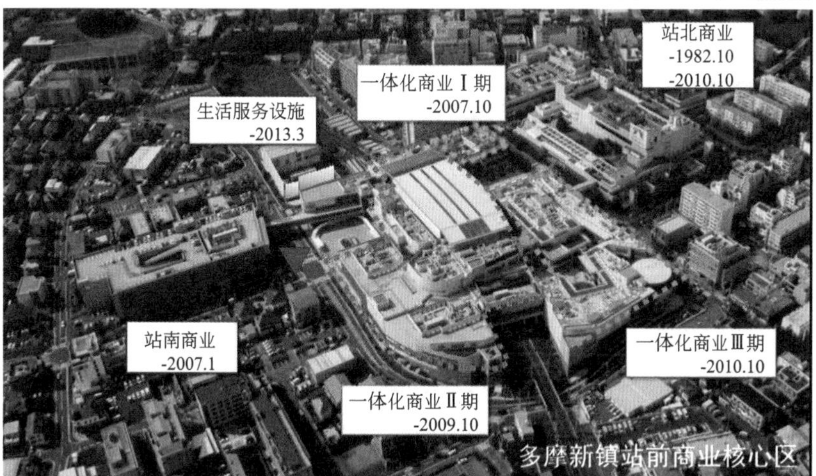

图6.7　多摩站区域开发

(2)“车站+公园+商业”布局

东急南町田站区域综合开发是典型的“车站+公园+商业”布局案例。该区域的开发以南町田站为依托，将鹤间公园与站前商业区进行一体化开发，形成一个中心。具体做法是在公园与商业中心之间形成了一个完整的回游动线。不仅如此，该项目还在车站与商业中心附近建设了都市型住宅，在公园南侧又设置了社区居民喜爱的体育设施用地（图6.8）。

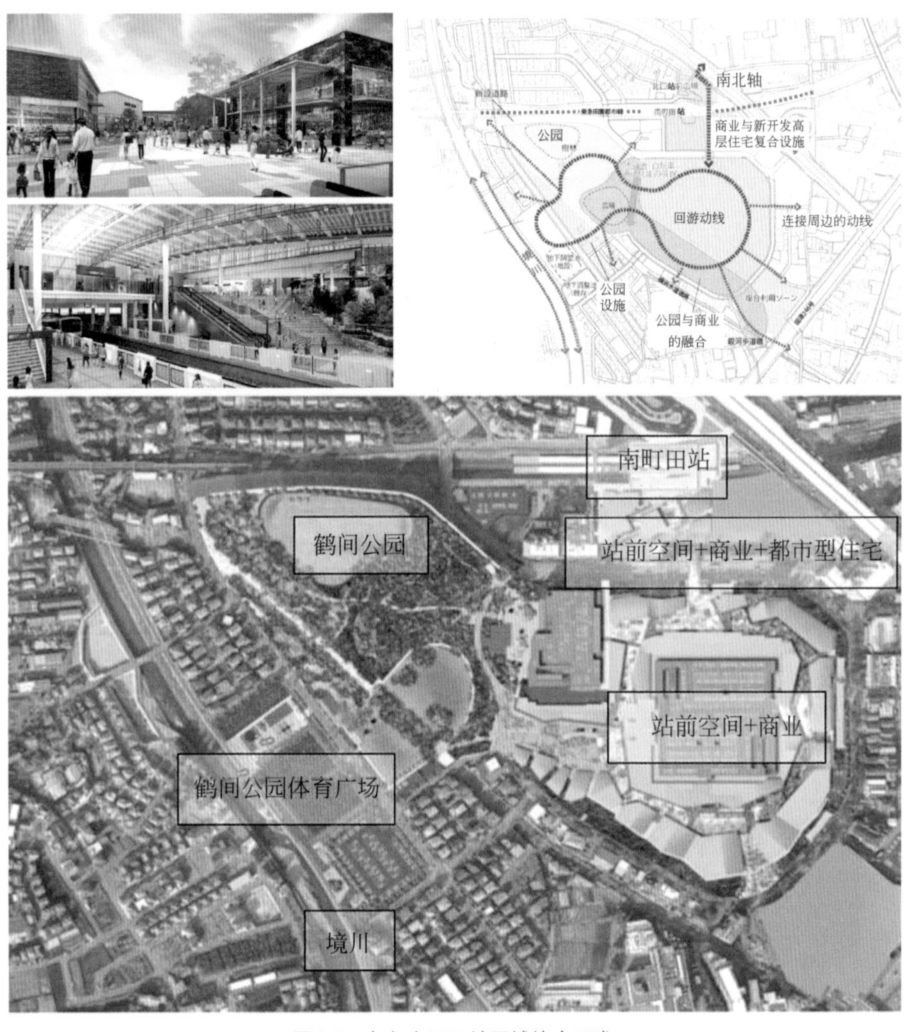

图6.8　东急南町田站区域综合开发

6.4.2　城市更新模式

城市更新模式中比较典型的例子有大阪梅田站及其周边的复合开发。大阪梅田商圈是日本关西地区最早也是最大体量的一个TOD商圈，它包括了7个轨道交通站点以及数十个大大小小的购物中心。梅田车站周边的复合开发是一个循序渐进的开发过程，随着交通立体化程度越来越高，商业开发也日趋丰富。其中最有特色的是与商业相伴的多层次的步行系统，从空中直到地下二层，把阪急百货、阪神百货、希尔顿广场、GFO(Grand Front Osaka)综合体、友都八喜梅田店及多个地下街连接在一起，形成了一个四通八达的地铁及商业网络（图6.9）。

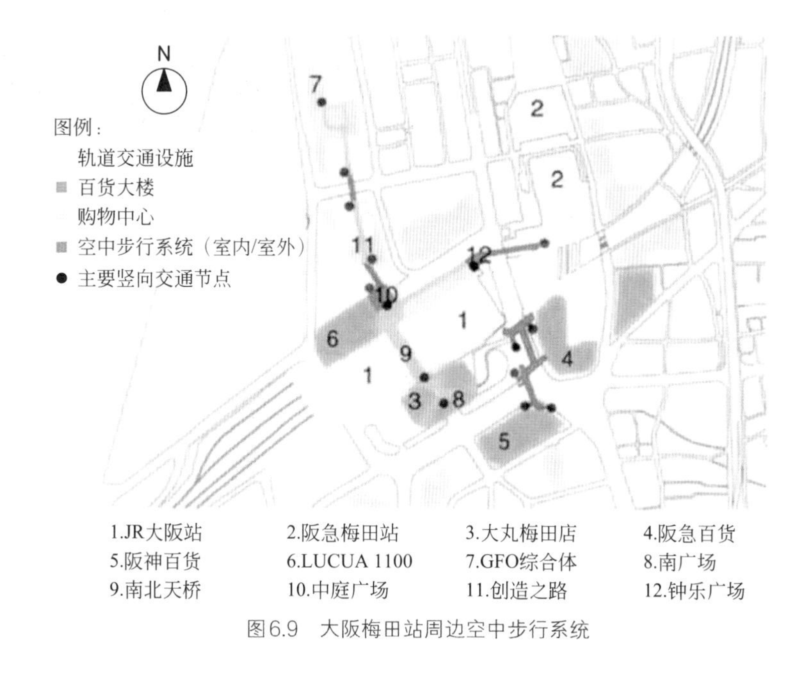

图6.9　大阪梅田站周边空中步行系统

6.4.3　CBD模式

一般在城市高密度区域会采用“车站+复合街区”模式，即CBD模式。这种模式的代表案例有东京丸之内、品川、涩谷等TOD项目。以涩谷站为例，其地下空间开发充分，地上也是高密度开发。该项目在区域规划中非常注重地下空间、轨道线与周边建筑的垂直空间关系，以使得地上、地下形成良好的一体化开发。在开发中注重了以下两点。

① 设置多处垂直交通核，如涩谷站周边设有7处垂直交通核，分别通往涩谷标志大厦、涩谷樱丘大厦、涩谷未来之光等建筑（图6.10）。

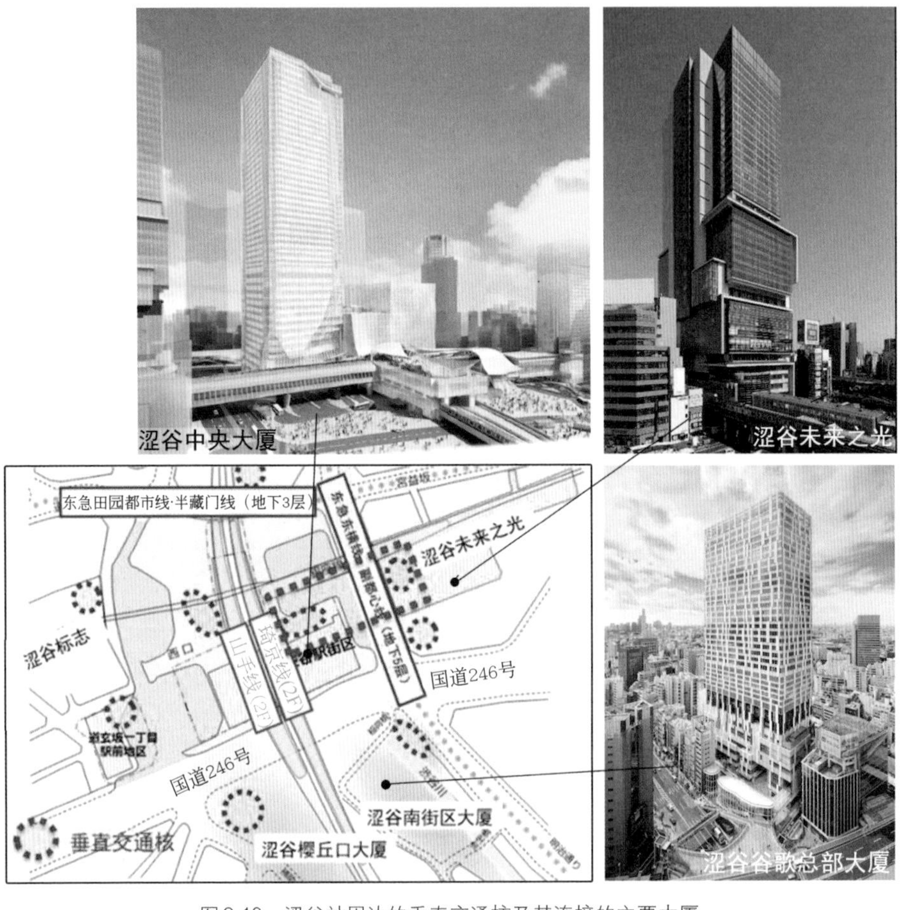

图6.10　涩谷站周边的垂直交通核及其连接的主要大厦

② 设置通风井，涩谷站形成了完善的地下自然通风体系，包括自然换气开口、换气结构以及排烟设备。如涩谷站与涩谷未来之光之间的自然换气开口的面积为250m^2。这个数据是根据建筑基准法中自然换气基准公式即换气开口面积（下沉式广场）应为建筑面积的1/20计算得出的，并结合了出站层的机械排烟系统。

从涩谷站TOD区域开发来看，其设计结合了涩谷区域“创新·时尚·娱乐城”的最初定位，因此之后的一切开发均以打造科技时尚新文化的平台为目标。这种定位与东京丸之内、品川的定位都是不同的。丸之内定位为世界级的金融和高档商业区，而品川站的定位为城市高档商务区。可见，在日本，各个TOD项目的定位并不完全相同，而是充分考虑了地域特色。

国内目前在TOD片区开发中采用较多的模式是CBD模式。大量的新城以CBD高密度开发为名义快速打造出来，但在这股热潮下又产生了一大批雷同、千篇一律的所谓TOD片区开发项目。当TOD开发缺乏辨识度及个性时，它们又沦为了一个盲目的开发噱头。

6.5 规模设计

如上文所述，商业开发最有价值的区域应集中在站点周边。那么，对于区域联合开发项目，商业规模又应如何设定为佳呢?

笔者就曾经接手过这样一个项目，项目位于某二线城市新城中心，约4km^{2}区域内有两条地铁线路三个站点，总规划人口仅19万人，而其规划的地下、地上商业总规模居然达到了214万平方米。大量的商业面积布局在距地铁枢纽服务半径400m之外，尤其是地下商业面积过大，居然达到了95万平方米，且动线极其复杂。这样的项目一开始在商业规模设计和定位上就明显失去了控制。

实际上，在商业规模的设计上并不是越大越好，而是需考虑以下两个原则。

6.5.1 理性原则

具体来说，理性原则意味着商业规模在最初就应进行合理规划。商业规模的合理性体现在其与TOD站点能级与类型的匹配上。美国非营利组织“重新连接美国”(Reconnecting America)在其《站区规划：如何做TOD社区》的报告中就提出美国TOD社区的分类标准及要素，将TOD站点分为中心型、区域型、走廊型三大类，每一类TOD社区的容积率要求、居住单元数量、工作岗位数量设置等都是不同的。

参照该标准，笔者根据我国目前的TOD社区特点，也做了初步分类，并基于实际工作经验对商业规模提出初步建议（表6.1），以供参考。

表6.1　我国TOD社区分类及规模建议

项目	成熟市中心TOD	区域中心/新城中心TOD	城市邻里/郊区中心TOD
容积率	≥5	≥3	≥2
总居住单元数/万个	2～3	1～2	0.5～1
工作岗位数量/万个	10～15	1～5	0.5～3
商业规模/万平方米	≥30	10～30	5～10

注：1.TOD中心指的是单一站点。

2.TOD社区范围为以站点为中心，步行5min（400m）的范围内。

6.5.2　弹性原则

对于商业规模的设定可以在理性规划的基础上留出未来发展的弹性空间，但这个空间也不是无限扩大的，必须控制一个上限。那么，具体如何测算才能得出合适的商业开发量呢？笔者介绍两种方法，即案例比较法和需求调研法。

6.5.2.1　案例比较法

案例比较法是一种基于类似项目的经验值而得出商业开发合理规模的方法。具体来说，案例比较法有以下两个主要工作步骤。

（1）步骤一：推算地上商业规模

这一阶段主要采用控规匡算法。所谓控规匡算法，就是根据现有区域控规中规定的商办总量，结合不同区域（如城市商务中心或商业中心）的商办比例经验值，做初步匡算，以得出大概的商业总面积。

商业比例一般根据与轨道交通站的距离远近而有所变化。如在轨道交通上盖周边，宜适当放大商业比例，在区域主干道沿线则宜适当缩减商业比例，而在非以上两区域的其他地区可适当缩小商业比例。以某CBD核心区的商业规划为例（图6.11），其核心区2.3km^{2}内商办总量规划约535万平方米，其中商办平均比例为17 ∶ 83，而在83%的比例中除办公外，还有3～4家酒店。另外，项目在两轨道交通站上盖区，商办比例为3 ：7，在区域主干道沿线为2 ：8，其他地区为1 ：9。大型购物中心大多位于地铁站附近，沿主干道布局。

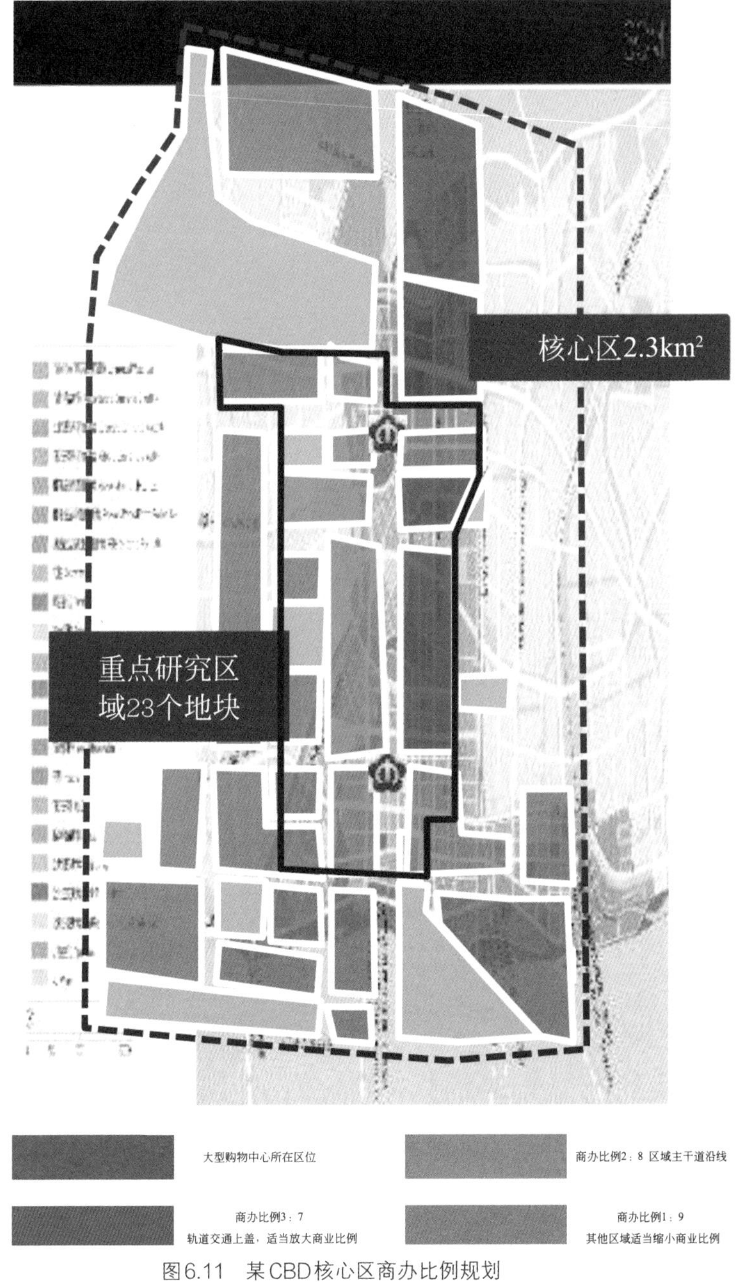

图6.11　某CBD核心区商办比例规划

我们再来看一下其他一些著名CBD的商办面积比例。伦敦金丝雀码头在22km²范围内规划商业区面积约为3.5%，商务区约22%。日本东京新近发展的新宿CBD办公面积约占43%。上海陆家嘴规划建筑面积中商业金融约占16%，行政商业金融综合约占74%。天津于家堡CBD，金融办公与酒店/商业的建筑面积比例约为55%：15%（11 ：3）。综上所述，在商业、商务核心区中，商办比例大多为（1 ：1）～（1 ：5），有时甚至达1 ：6。具体情况可能需要结合区域定位等再做详细分析。

（2）步骤二：推算地下商业规模

地下商业的规模是根据地上业态特点及规模推算取得的。一般若地上物业为商业，则其地下空间商业比例也较高。以东京新宿CBD为例，其商业地块地上与地下商业面积比例约为7 ：1（表6.2），而一般地上物业为办公时，地下空间商业体量就会小很多。同样以东京新宿CBD为例，其写字楼地块地上面积与地下商业面积比例约为50 ：1（均指建筑面积GFA）（表6.3）。

表6.2 地上商业物业与地下商业面积比例研究

物　业	序　号	项目名称	体量GFA/m²	是否有地下商业	地下商业体量GFA/m²	是否连通地下连廊
地上商业	1	小田急百货店	43636	是	5454	是
	2	小田急Hulk	7318	是	1995	是
	3	伊势丹总店	64296	是	13100	是
	4	丸井新宿店	34400	是	2600	是
	5	三越新宿 · BICQLO	22000	是	6000	是
	6	京王百货店	41294	是	8258	是
	7	新宿Lumine1	25000	是	5000	是
	8	新宿Lumine2	20550	否	—	否
	9	Lumine Est	53300	是	10660	是
	10	NEWoMan	7600	否	—	否
	11	新宿Flags	9799	否	—	否
	12	高岛屋	53946	是	4495	是
	13	总计	383139	—	57562	—

注：如上表所示，商场地下空间商业比例相对较高，地上商业：地下商业=7 ：1。

表6.3　地上办公物业与地下商业面积比例研究

物　业	序　号	项目名称	楼层数	体量GFA/m²	是否有地下商业	地下商业体量GFA/m²	是否连通地下连廊
办公	1	千驮谷	16F/B2F	42998.35	否（1-2 F）	—	否
	2	JR新宿 Miraina Tower	32F/B2F	110,858.28	否（1-4 F）	—	是
	3	JR南新宿大楼	18F/B4F	58028.99	否（1-2 F）	—	否
	4	小田急 Southern Tower	35F/B3F	79560.99	否（1-4 F）	—	否
	5	新宿Maynds Tower	34F/B3F	102,694.77	是（B 1 F）	2800	是
	6	新宿 L Tower	31F/B5F	86042.21	是（B 3 F）	7200	是
	7	Front Place南新宿大楼	8F/B1F	5918.97	否（1 F）	—	否
	8	总计	—	486102.56	—	10000	—

注：办公地下空间商业体量比较有限，地上办公：地下商业=50 ： 1。

（表6.2、表6.3资料来源：戴德梁行德国SBA公司调研资料）

经戴德梁行数据统计，在国内外著名CBD案例中，地下商业占地下及地上商业总量的比例约为18%。根据不同地块的位置特点及地上业态情况还可略做调整，如轨交站点上盖可以上浮20%，约为21.6%；地上为商场的，可上浮1%，约为19.8%。地上若为办公的，建议下降20%，约为14.4%。

还有一种方法是地下空间开发面积的商业占比推算法，可作为对以上推算法的补充。这种方法是根据地下空间的规划面积推算商业面积，当然，前提是地下空间面积规划要恰当。国际上一些成熟CBD的地下空间除具有商业功能外，往往还有市政、交通、公共服务等设施（表6.4）。一般商业建筑面积占比不超过50%。商铺面积（即营业面积）占商业建筑面积的50%左右，即商业得房率约为50%。以日本为例，日本地下纯商业面积一般占整体地下商业街面积的50%左右（表6.5）。

表6.4　国际CBD地下空间的规模及主要功能

项　目		新　宿	金丝雀码头	拉德芳斯	曼哈顿	中　环
所属地区		日本东京	英国伦敦	法国巴黎	美国纽约	中国香港
总占地规模/万平方米		230	336	750	2600	488
地下空间规模/万平方米		20	8	67	50	15
地下空间功能	交通	√	√	√	√	√
	商业	√	√	√	√	√
	市政	√	—	√	√	√
	公共服务	—	√	—	√	—

表6.5　日本地下商业空间面积配比

地下商业名称		合　计	营业面积		交通面积		辅助面积
			商铺（商场）	休息厅	水　平	垂　直	
东京八重洲地下商业	面积/m²	35584	18352	1145	11029	1732	3326
	占比/%	100	52	3	31	5	9
大阪虹之町地下商业（一期）	面积/m²	29480	14160	1368	8840	1008	4104
	占比/%	100	48	5	30	3	14
名古屋中央公园地下商业	面积/m²	20376	9308	256	8272	1260	1280
	占比/%	100	46	1	41	6	6
东京歌舞伎町地下商业	面积/m²	15727	6884	0	4104	504	4235
	占比/%	100	44	0	26	3	27
横滨波塔地下商业	面积/m²	19216	10303	140	6485	480	1808
	占比/%	100	54	1	34	3	8
平均值/%		100	49	2	32	4	13

（资料来源：戴德梁行德国SBA公司调研数据）

6.5.2.2 需求调研法

需求调研法是指通过对该区域的目标客群（如办公商业人群、购物人群、游客、居民等的需求、偏好等）进行调研，来确定该区域商办业态的需求总量，同时便于为项目确定商业定位。

（1）调研范围

调研范围一般包括两方面，一方面是项目核心范围，即周边3km范围内；另一方面为更广域的如城市范围内的其他消费者、商家等。

（2）目标客群

根据项目所处的区位及功能定位来确定目标客群。一般来说，一个CBD区域开发项目的两大主力客群为商务客群和居住客群，另外还有一部分旅游客群。消费业态的选择与主力客群的出行方式有密切联系。一般商务客群是地铁出行的主力，同时也是地下商业消费的主力；而对于居住客群来说，主要是对于业态、品类的兴趣更占主导。不同类型客群对于不同业态的消费频次也不一样，均应进行详细调查。另外，对于目标客群来说，根据年龄、职业状况、家庭构成等进行细分也十分必要。如商务客群可细分为商务金领，企业业主（35岁以上，属于企业高级管理层或私企老板），中高级白领（25～35岁，企业中间管理层），职场新人（25岁以下的企业白领）等。居住客群可以细分为家庭客群（30岁以上，三口或四口之家），单身人士（20～30岁为主）以及情侣，新婚夫妇（25～35岁之间，未婚或已婚未育人群）等。

（3）消费需求规模预测

根据不同目标客群进行消费需求规模即商业面积需求预测。如居住人群，根据辐射区域的原始人口基数来测算消费人口基数。

消费人口基数=原始人口基数×区域辐射度×意向度

一般3km核心范围内区域辐射度较高，可能达60%～90%。而10km范围内（即周边社区）其辐射度就会大大降低，根据交通的便利性和商业业态的差异化估算，可能为10%～40%。10km以外至30km（城区内）的地区其辐射度还会进一步降低，可能低至10%及以下。这个数值范围与项目本身的规模、业态特点、交通便利性等因素均有较大关系。

而对于商务客群来说，根据区域内行业结构构成对就业人口数量进行初步判定（也可以较为粗略地按10～15m²/人来估计），得到未来该区域内导入的商务人口数，应扣除其中一部分在本项目区域内置业的商务人口，得到原始的商务人口数量，再根据与前面相似的消费人口基数计算公式得出有效的办公人口基数。

根据办公人口基数中不同细分客群对不同消费业态的消费比重，预估其月均消费额（此方法对于评估居住客群与商务客群一致）。再根据当地商业坪效求得商业需求面积。一般不同业态的商业坪效也是不同的，如零售：餐饮：休闲娱乐：生活服务=10∶7∶5∶4。具体比例根据当地市场调研确定。最后，将办公、居住等各类人口的商业需求面积相加得到商业规模总需求量。

在商业规模测算中，第一种案例比较法属于基于经验的判断，因此适宜在项目前期阶段做初步测算用，第二种需求调研法适合于后期的精细测算。

上述提到的商务客群及居住客群为项目区域内外的“常驻”客群，还有地铁或交通枢纽站体带来的旅游客流或不同交通工具之间换乘的出站客流。这部分客流如果能最大化地转换为商业客流，则会大大提升商业容量及价值。那么，如何提高商业客流转换率呢？笔者认为可以从以下三个方面入手。

① 商业动线规划与客流的自然流向相结合。如商业动线即为连接不同交通工具的换乘通道，或是旅游客流向旅游目的地的必经之路。

② 业态构成应符合此类人群的出行需要。可以重点考虑三种业态类型：日常必需品，包括餐饮/快餐、个人护理美妆用品等；创意品，包括富有特色的零售商品、娱乐业态等；旅游品，与游客服务相关的业态，包括旅游咨询、旅游纪念品商店、本地特色商品店、银行等。

③ 延长运营时间。对于地下商业等商业空间也可以考虑结合地铁的运营时间特点，提供24小时商业服务，从而争取更多的顾客。一个地铁站单日客流量扣除日常通勤人流，剩下的为旅游换乘或其他目的客流，如果能有20%～50%的客流转换率，将带来不少额外的商业收益。

6.6 权属分析

在区域联合开发TOD项目中，土地权属关系是较为复杂的问题。这种复杂性体现在两个维度上，一个是水平向维度，一个是垂直向维度。

就水平向维度来说，在区域联合开发中为实现一体化设计及连续步行系统，常会有跨地块的空中连廊、地下空间或几个地块共同围合的城市公共绿地、广场等，而这些建筑设施或空间往往是在用地红线外，但日常为各个地块所共同使用的。还有一些空间，如下沉式广场常位于地块红线内，但24小时开放为城市使用。

在垂直向维度上，TOD开发常常会叠合多种功能业态，有些具有城市公共属性，如交通站体；也有一些具有私人属性，如商业、办公等。这对于传统垂直切分土地确权的方式来说是个巨大的挑战。为保证城市公共空间的连接性，在权属模式、开发模式、管理模式上都要有所创新。笔者就以上问题提出以下建议，供读者参考。

6.6.1 空间分层确权

传统的土地权属划分方式为以用地红线为界进行垂直划分，这种土地平面确权方式在打造一体化的TOD综合枢纽地块时就成了障碍。由于交通站体上盖建筑以及区域共享地下空间等均是相互交织或上下叠合融为一体的，这种以红线为界的土地划分方式导致各地块或不同属性功能（私有或公共）的连接、重叠成为难题。因此，如果可以创新突破，如采用空间分层甚至分轴划分用地性质，分别办理土地划拨和出让手续，往往会比较有利于这种综合性的TOD项目开发。以重庆沙坪坝铁路综合枢纽项目为例，该项目是通过立体布局，把多种交通方式进行无缝衔接，以打造集商业、生活、城市综合交通于一体的城市综合体，由重庆交通开投集团与龙湖集团共同合作开发，在土地资源利用上采用了上文提到的空间分层分轴的确权方式，从而实现了铁路方、重庆市地方、龙湖集团的多方共赢局面（图6.12）。

图6.12　重庆沙坪坝铁路综合枢纽项目

6.6.2　三级开发模式

在区域联合TOD开发中，开发模式的创新也很重要。这里提出三级开发模式，以应对TOD片区中不同使用属性地块的开发。

① 一级：用以实现区域整合的人行主干系统，包括地上、地下的连续步行系统，如连廊、地下空间等，此类建设项目应由政府主导开发。

② 二级：交通接驳发展用地，如地铁上盖项目、超级枢纽综合体项目，最好是通过政策诱导，由政府和发展商来共同开发。因为此类项目涉及与轨道交通开发有关的一系列市政问题，由政府与民间合作较易产生好的效果。

③ 三级：节点活动项目，包括地铁侧盖及TOD区域内的其他地块开发，应采用政策诱导、价值引导及开发商自建的方式。

由此可见，三级开发模式既可保证城市公共空间开发的连续性和完整性，又可保证各功能地块的活力和开发效益。

6.6.3 相关政策引导

除了上述的土地权属划分模式和开发模式上的创新外，还需要相关政策的引导。如日本为了保证地铁车站与周边土地一体化的实现，颁布了《宅铁法》《都市再开发法》等法规。其中《宅铁法》中就有一些有利于一体化开发的诱导性政策。如为了满足铁路及综合开发用地的需要，由铁路公司或第三部门对开发区域内的土地进行先行购买；将先前购买的零散土地和规划铁路交通站点区域内的土地进行集约交换，以便于铁路及其上盖设施开发的可能性。此外，《宅铁法》还有容积率奖励与转移政策等（图6.13）。

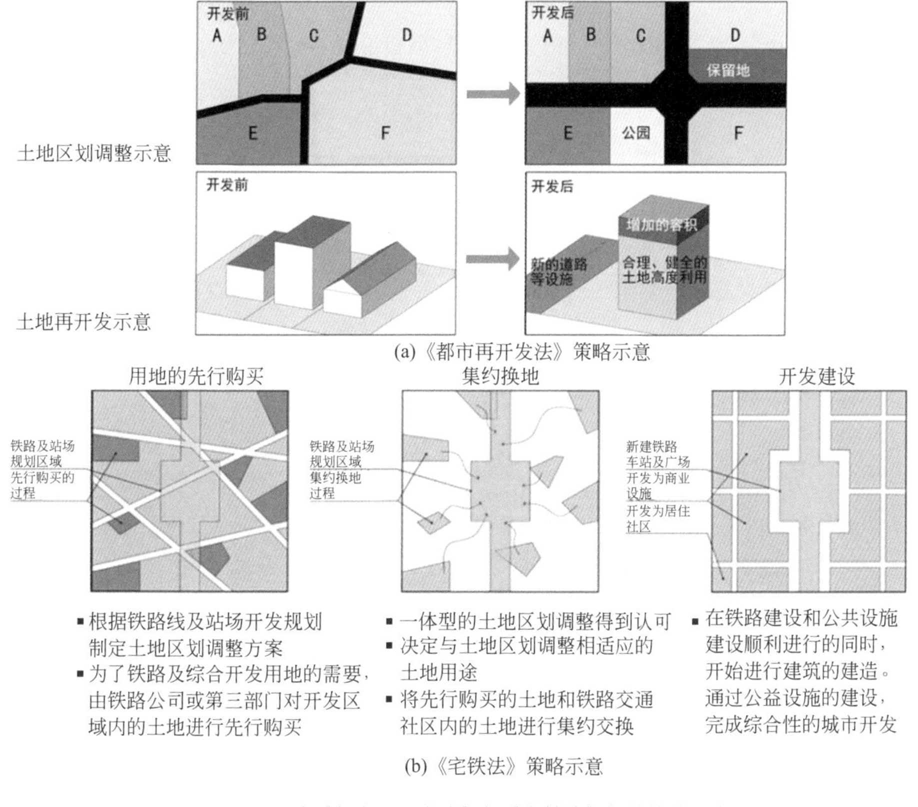

(a)《都市再开发法》策略示意

(b)《宅铁法》策略示意

图6.13　日本《都市再开发法》与《宅铁法》相关策略示意

（资料来源：桂汪洋.大型铁路客站站域空间整体性发展途径研究[D].南京：东南大学，2018.）

6.7 业态策划

TOD区域联合开发中的商业布局一般与距离站点的远近有关。如在地铁500m范围内，人流量大，比较适宜布置大型商业设施，因此大型集中商业建议布置在地铁站点周边。以东京新宿CBD为例，其在新宿站旁布局了集中商业区（图6.14）。500m范围内有10家大中型商业，包括新宿LUMINE2、Flags、京王百货新宿大楼、小田急百货店、伊势丹新宿本店、三越新宿ALCOTT店、丸井CITY新宿店、小田急HARUKU店、新宿中心大楼等。而500～800m内仅有3家，包括丸井男士新宿、西武新宿PEPE、新宿住友大楼（图6.15）。

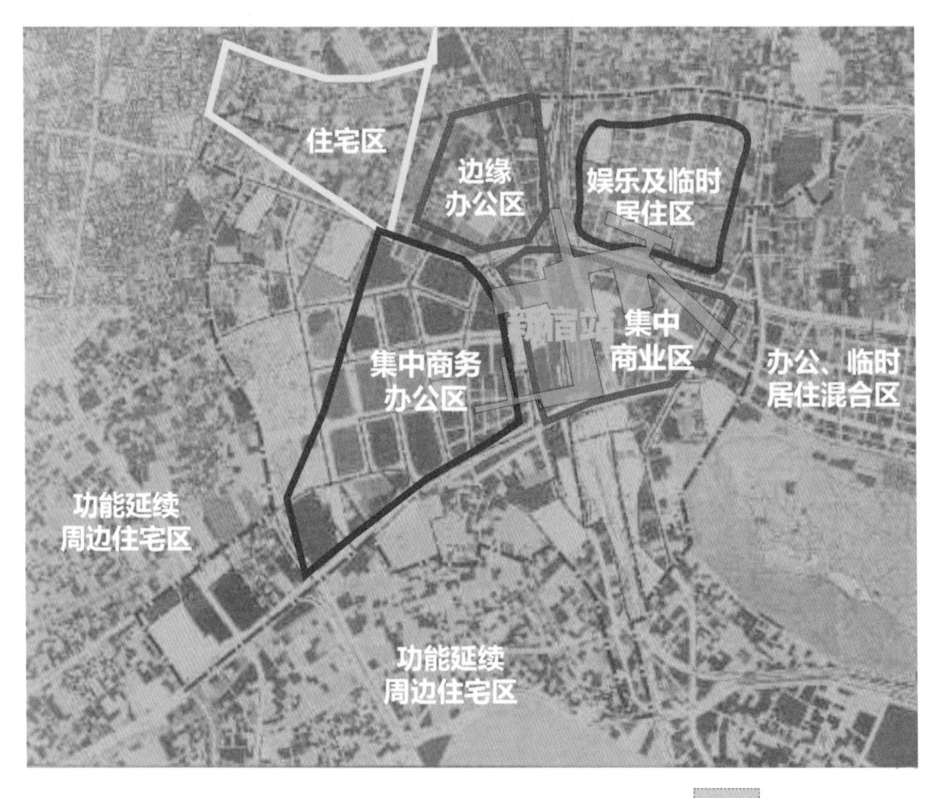

图6.14 新宿站周边的商业设施布局

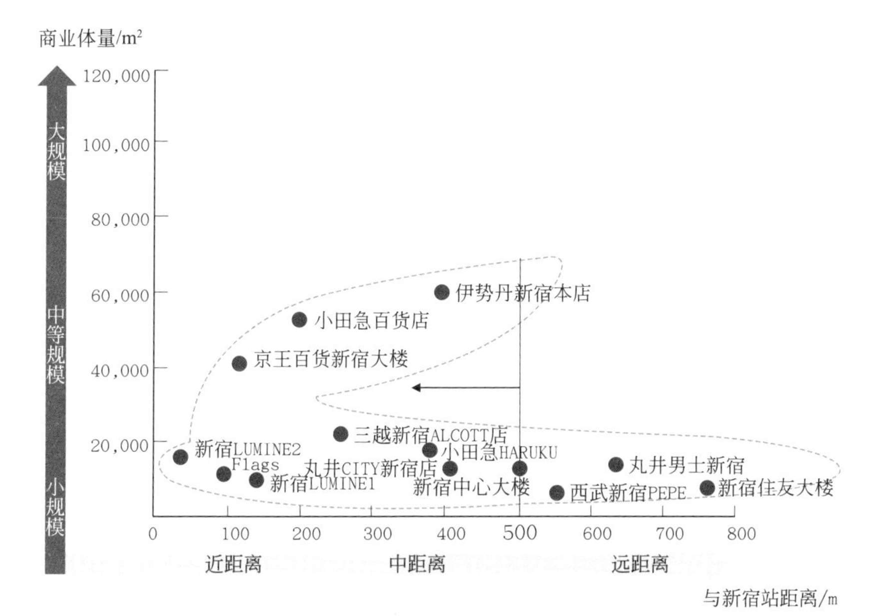

图6.15 新宿站周边的大型集中商业设施
（资料来源：戴德梁行德国SBA公司）

在业态策划上，TOD区域商业业态也是多元化的。以英国伦敦金丝雀码头为例，其配套的商业设施极其丰富，包括高档服装零售、餐厅、酒吧、超市、健康中心、健身俱乐部等（图6.16、图6.17）。

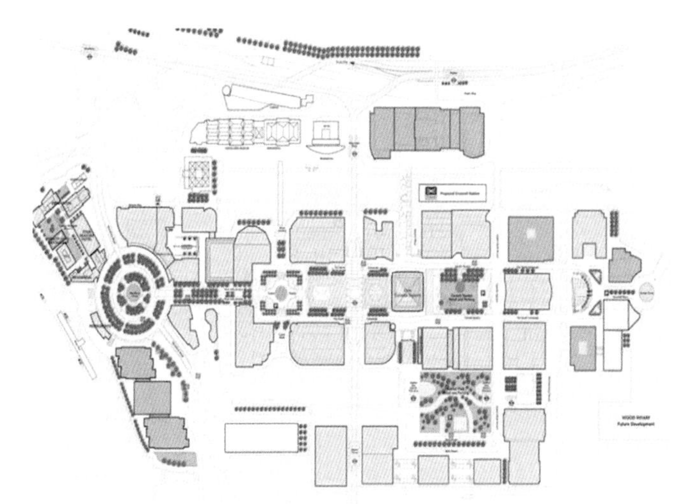

（a）伦敦金丝雀码头总平面布局

图6.16

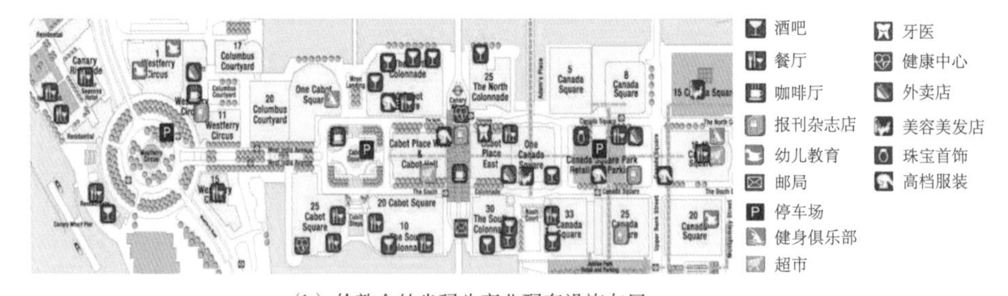

（b）伦敦金丝雀码头商业配套设施布局

图6.16　伦敦金丝雀码头总平面与商业配套设施布局

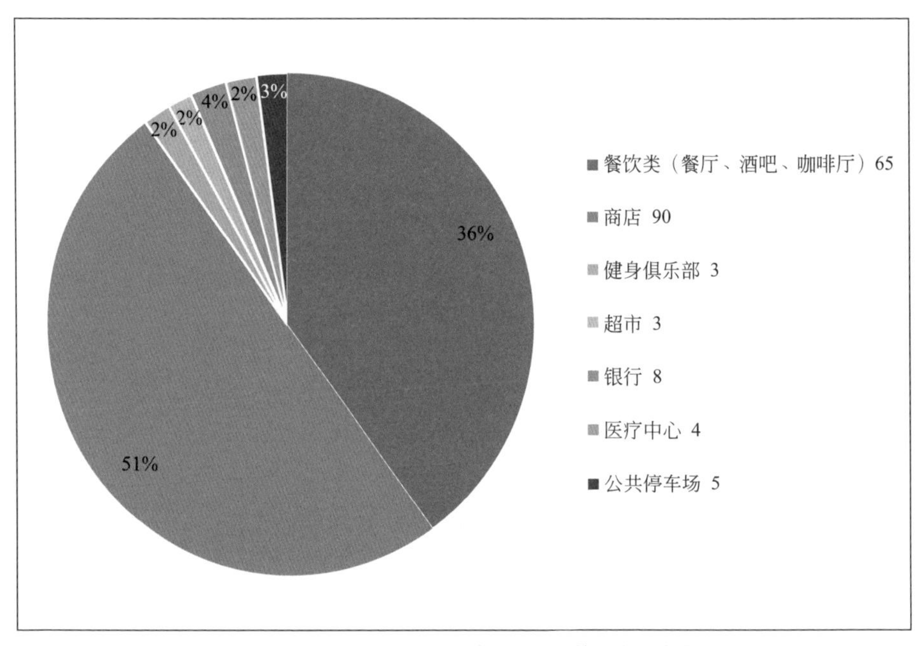

图6.17　金丝雀码头商业配套设施比例（右边图例中的数字表示该类商业的店铺数量）

TOD区域联合开发项目中商业业态的类型、规模，也应基于该区域内的客群类型及其需求。一般此类区域内既有商务客群，也有居住客群，因此会要求业态比较多元，至少应包括购物类业态（零售店、品牌店、超市等）、餐饮美食类业态（正餐、快餐、美食广场、咖啡厅）、休闲娱乐类业态（健身中心、美容美发、网吧、酒吧、KTV等）、便民服务类业态（食品店、便利店、药店、银行、家政服务等）。当然，不同业态的比例还与细分客群的需求有关，具体做法可参照前文中所提到的“需求调研法”进行研究确定。

6.8 动线规划

TOD区域联合开发项目的商业动线规划应从区域整体来考虑，首先应充分衔接交通枢纽，增加人流的导入，把人流价值最大化。以日本东京新宿站为例，它是日本最为古老的地铁站之一，经过百余年的扩建，现在拥有了200多个地铁出入口，每天接待客流360多万人。这些超200个出口，包括了周边直接连通地铁的设施，其中许多商场都设有直通地铁的出入口。其地铁出入口主要经由地下一层和地上二层到达，在地下一层不同地铁线路的换乘往往需要经过地下商业街（图6.18）。地铁设施通过地下街的延展，与各个地块连接起来，充分发挥了地铁设施的巨大效益。

在动线规划时要特别注意点、线、面的规划，重点要考虑以下这些要素。

图6.18　新宿站地下空间连接周边各个地块及地铁站

6.8.1 车站核、城市核

在TOD区域联合开发中，要特别注意垂直方向上的空间联系。这些垂直联系点就像巨大的地上、地下空间网络的锚点，把交通功能与其他城市功能良好地衔接在一起。它们也叫“城市核”或者是“车站核”。这些节点不仅仅是重要的交通节点，也是重要的城市空间节点，它们扮演的角色如下：

① 打造城市标志；

② 创造活力、交流空间；

③ 提高识别性；

④ 提升回游性；

⑤ 增加舒适性（自然通风等）；

⑥ 信息传递中心。

这些车站核、城市核常常由以下空间构成：商业中庭、换乘中心，或者是兼有以上两种功能的城市空间。如横滨市的皇后广场中庭（图6.19），就是一个8层通高的车站核。在开设高速铁路港未来线的港未来站时，横滨皇后广场已竣工7年。但是，当时为了加强地铁站与地上开发的联系，经地铁与物业方双方协商，将原先规划在基地外侧的车站特意移到横滨皇后广场的基地内，然后在建筑内部设车站核，站台是开放的，从车内一出来便可看见上方的商业，同

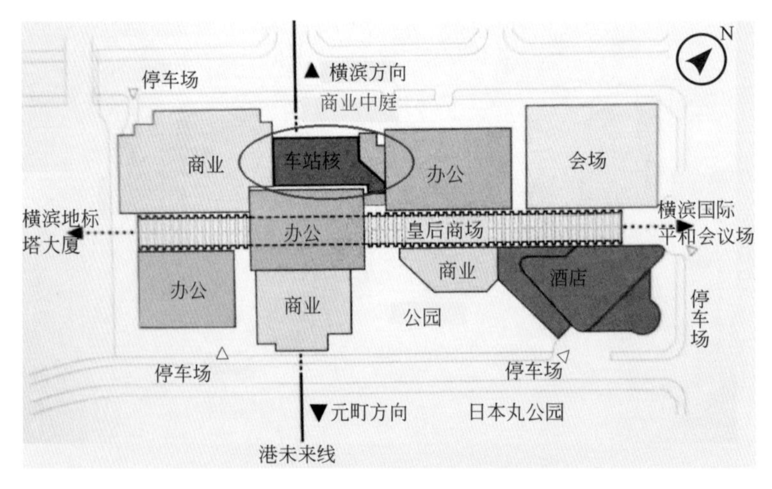

图6.19　横滨皇后广场的商业中庭兼车站核

时在商场内也可俯瞰车站。最典型的城市核设计就是涩谷未来之光大楼的边庭，该边庭从地下三层贯通到地上四层，连接涩谷站站厅与地上，并为地下空间引入自然通风和阳光，同时商业设施也一直延伸到地下三层（图6.20）。

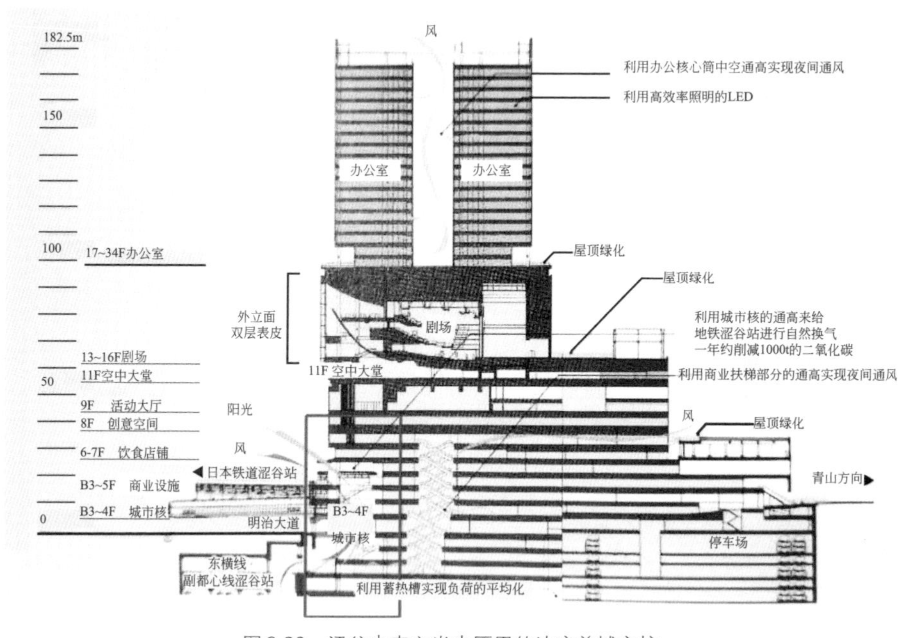

图6.20 涩谷未来之光大厦里的边庭兼城市核

（资料来源：日建设计站城一体开发研究会.站城一体开发Ⅱ：TOD46的魅力[M].沈阳：辽宁科学技术出版社，2019.）

对大型的城市片区来说，城市核可以不止一个。如涩谷车站周边区域开发中，在由地面、地下、二层平台构成的复合空间网络中引入了多个城市核，以加强车站与城市的联系，同时用以提高换乘效率。这些城市核设计既要注重交通流线的组织，又要注重城市活动的导入，以激发街区活力。因此，在规划设计时引入了开放式展厅、共享/租赁办公空间、表演广场等，使之成为一处处城市创意交互的场所。

6.8.2 城市走廊

如果说城市核是一个个强有力的中心节点，用以将各种交通路线、商业流线集聚交织在一起的话，那么“城市走廊”就相当于从这些“节点”向外发散的“线”，它们是联系车站和城市的水平流线，从而构成了一个有机的步行网络。

城市走廊的常见形式有空中步廊、地下街、城市街道。城市走廊应是集城市功能、舒适体验于一体的线性空间。城市走廊的目的场所应是各种商业或文化设施，因此在流线规划上应注意这些目的场所的设置。

同时，城市走廊也应是舒适和不乏趣味的城市空间。从舒适角度来说，城市走廊应满足遮风避雨的要求，并引入光、风等自然要素，从而在城市高密度环境中创造出舒适的公共空间；从趣味性来讲，城市走廊也可以作为城市活动的场所，可以是画廊、咖啡厅、开放式讲堂等空间。如涩谷马克城中的横跨神宫大道的天桥，作为多条地铁线的重要换乘空间，每天有大量的人流经过。为了使这个空间充满趣味性和吸引力，设计师特意在天桥南墙上设计了一幅5.5m×30m的巨大壁画，并从北侧天窗中巧妙地引入自然光。自然光使壁画的色彩显得更为柔和，从而使得这个平日人们匆匆而过的空间成为了一个富有吸引力的场所（图6.21）。

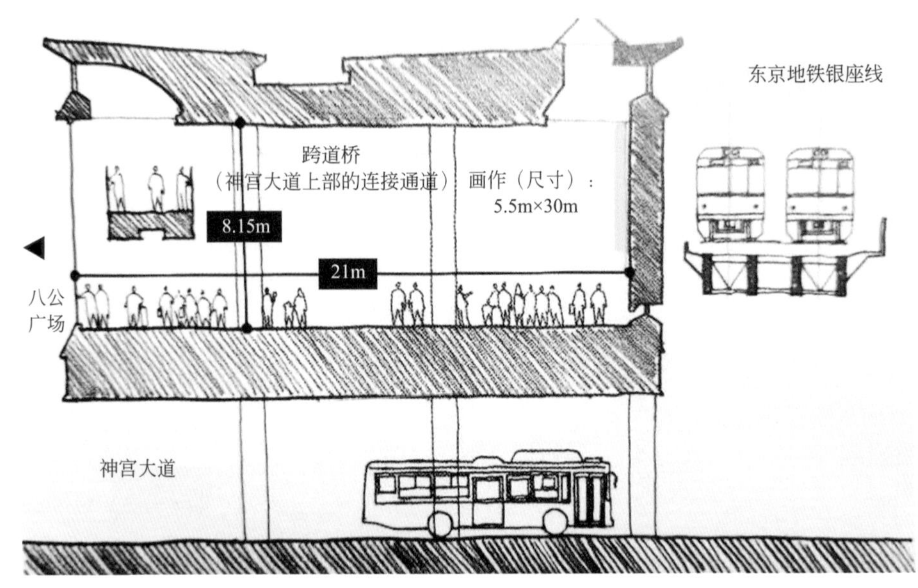

图6.21　涩谷神宫大道上的连接通道（城市走廊）壁画布置

（资料来源：日建设计站城一体开发研究会.站城一体开发Ⅱ：TOD46的魅力[M].沈阳：辽宁科学技术出版社，2019.）

6.8.3 地下街

城市高密度的TOD区域常常通过地下街把各个地块串接在一起。地下街从空间形式上来说有线型和面状两种。在城市道路下方适合开发线型地下街，而在公共绿地、广场、道路交叉口下方常常为面状开发。以大阪站周边地下街开发为例，大阪站南侧从1963年梅田地下中心——Whity梅田开发开始，建设了一系列地下街，包括堂岛地下中心——DOTICA、大阪钻石地下街——Diamor大阪等项目。从大阪地下空间的布局来看，堂岛地下街就基本属于线型开发，大阪钻石地下街、白色梅田商店街则是面状开发。大阪站周边地区的地下空间通过线、面的有机结合，形成了四通八达的步行网络（图6.22）。

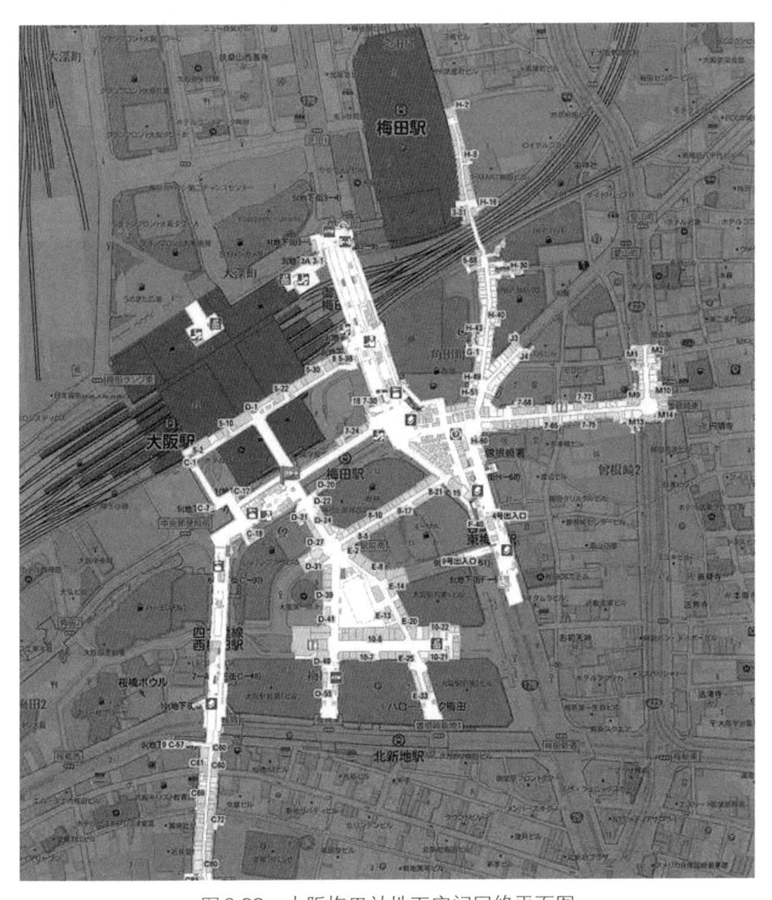

图6.22 大阪梅田站地下空间网络平面图

在地下街规划时，还应注意空间的可识别性以方便人们在地下寻路。以日本东京银座站为例，这是一个整合了三条线路的综合车站。该站体的设计较有特色，体现在三条线路——银座线、丸之内线、日比谷线的检票厅的平面形状都各不相同。其中银座线的圆形检票厅空间、日比谷线的矩形检票厅空间以及丸之内的三角形检票厅空间都具有较强的辨识性，使得每个车站都各具特色（图6.23）。

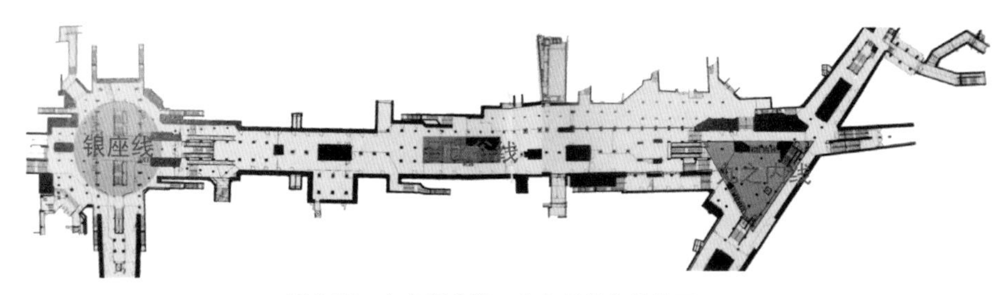

图6.23　东京银座站三处各具特色的检票厅

6.9　TOD区域联合开发的设计思路

在TOD区域联合开发中，由于涉及的规划内容涵盖城市设计、建筑设计、商业规划、交通规划、市政设施规划等多专业内容，是一个较为庞杂的系统，因此需要在前期就厘清设计思路和各专业的内在联系。商业设计又是渗透到地铁线路规划、步行系统规划到交通规划等各个环节的内容，所以需要在深刻的商业原理领悟的基础上，用宏观、整体的视野来看待整个规划设计流程。笔者在这里基于以往工作经验，总结了此类TOD区域联合开发的一些设计思路，供各位参考。

(1) 厘清地铁等重要交通线路的情况

在此类区域开发中，地铁线路往往是多条的，有的甚至还有高铁、轻轨等多种快速交通工具，因此前期需厘清线路布线情况，深度（标高），是已建、在建还是未建？这些信息比较复杂，但对后面设计的深入又是极为重要的。比如，如果是已建、在建地铁线路，是否可以设置上盖建筑，周边开发项目退界需求就成为需要重点研究的内容。对于未建的地铁线路，站点选址可否还有调整优化的余地？线路上方若未来要做开发，是否要预留荷载？诸如此类问题均需进行全面考虑。

（2）拟规划的片区范围确定

片区范围的确定，往往基于两方面：一方面是物理边界，如城市快速路、大型绿地公园；另一方面则是步行5～10min边界，一般离地铁等交通枢纽不超过1km的范围。

（3）周边地块功能分区和容积率梯度确定

前文中提到以交通核为中心，周边地块由近及远宜布置商业、商办、娱乐文化中心、住宅等功能，容积率也呈现梯度变化。

（4）“城市核”设计

上文中已经提到“城市核”作为重要节点，在城市区域开发结构中具有重要地位。“城市核”往往承担着多种城市职能，它既是换乘中心，也是商业中心、商务中心、公共活动中心、城市标志。“城市核”在形式上可以是商业中庭、进出站大厅、公共文化设施的中心空间，甚至是公园、绿地等。

（5）城市走廊设计

上文中提到的城市走廊主要指步行流线，关键是建构一个连续的回游系统。城市走廊可以是以下几种：

① 地面步行街；

② 地下步行街；

③ 开放式商业街区；

④ 城市共享中庭；

⑤ 空中平台及人行天桥。

（6）地下街设计

地下街也属于城市走廊的一种，但作为TOD片区开发中的重要一环，在此要特别强调一下。在地下街规划中应注意整体规模控制，以及与“城市核”、地上建筑、公共绿地等的衔接，注重地铁站厅的特色设计等。地下街的开发一般有两种模式，一种是公共地块下的主动线与私人地块下的商业次动线结合；另一种是片区地下都归属政府开发，全部公共化。

（7）地上、地下车行交通系统

原则是减少或避免过境和快速交通直接导入片区，注意车辆到发规划、路网密度及断面规划、地下环路设计、停车设计以及货运服务系统设计等。

（8）市政设施

市政设施包括地下市政管廊、集中能源站、垃圾房等的设计。

（9）环境共生

环境共生包括两个方面，一方面是对于整体景观环境的打造，另一方面是相关生态节能措施的运用。

综上所述，TOD区域联合开发设计本质上共分为九步——厘线路、定范围、定功能、核设计、定走廊、地下街、理交通、理市政、塑环境。这九个步骤基本可以实现相对比较完整的TOD片区规划设计结构。

6.10 案例分析：东京丸之内区域开发

东京丸之内区域开发属于较为典型的CBD模式的TOD开发。它以不断改进的导则作为基本的规划设计理念，与时俱进地进行了长达百年的城市更新与再开发，非常值得借鉴。以下分析主要基于丸之内城市设计导则中的相关要点研究及一些项目实际案例，供各位读者参考。

6.10.1 丸之内的历史沿革

东京丸之内作为日本的经济枢纽，是世界三大金融中心之一（图6.24）。它位于东京市中心的皇宫与东京站之间，占地约120hm^2。三菱集团在明治维新后获得了全部土地，并于1894年开始开发。

丸之内在经历了20世纪60～70年代的高速成长后，原来单一的中央商务功能导致了交通拥挤、中心区缺乏活力等多种问题，使其逐渐在国际市场上失

图6.24　东京丸之内区位图

去了竞争力。为了解决这些紧迫的问题，从1996年起，东京都政府、千代田区政府、东日本铁路和大丸有协议会四方联合，着手对丸之内地区进行大规模再开发，以提升其国际竞争力，增强其城市魅力，使其成为一座环境共生型城市。

6.10.2　对总体设计的重视

占地120hm^{2}的东京丸之内区域内共有约100栋建筑物、4000家企业，24万白领在这里工作，基础设施配有13条轨道交通线和7条铁路。作为百年之计的CBD建设，丸之内的总体设计被予以高度重视，形成了完善的街区建设导则。该导则是基于自由的讨论和公民协议制定的，堪称PPP合作模式的典范。导则也注重适时地进行内容更新，强调与时俱进。

6.10.3 街区建设导则的制定

街区建设导则强调未来图景设定（Future Vision)、规则制定（Rule Organization)、方法策略（Methods)三位一体的概念。

丸之内的总体设计规划了八个未来发展的目标，分别是：

① 可方便、舒适行走的街区(Passable City)；

② 文化繁荣的高品质街区(Prosperity Culture)；

③ 引领时代的国际化商务街区(Global Business City)；

④ 安全城市(Safety City)；

⑤ 信息化交流街区(Information Communication)；

⑥ 地方、行政、来访者协力培育的街区(Partnership)；

⑦ 与环境共生的街区(Environmental Symbiosis)；

⑧ 风格和活力协调的街区(Stately Activity)。

该导则将丸之内地区分为片区(Zones)、轴线(Axes)和节点(Hubs)三个层面（图6.25)。这三个层面构成了整个街区规划的基本框架，具体如下。

① 片区:按照历史、功能和空间特征将所有地块共分为4个区域。

② 轴线:把街道空间定义为“轴线”。

③ 节点:包括主要交通节点，创造具有向心性的供交流的地点。

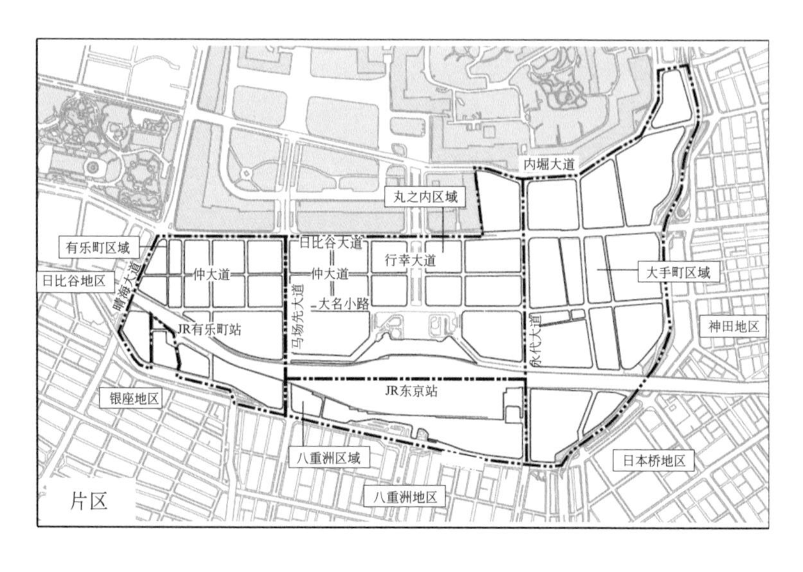

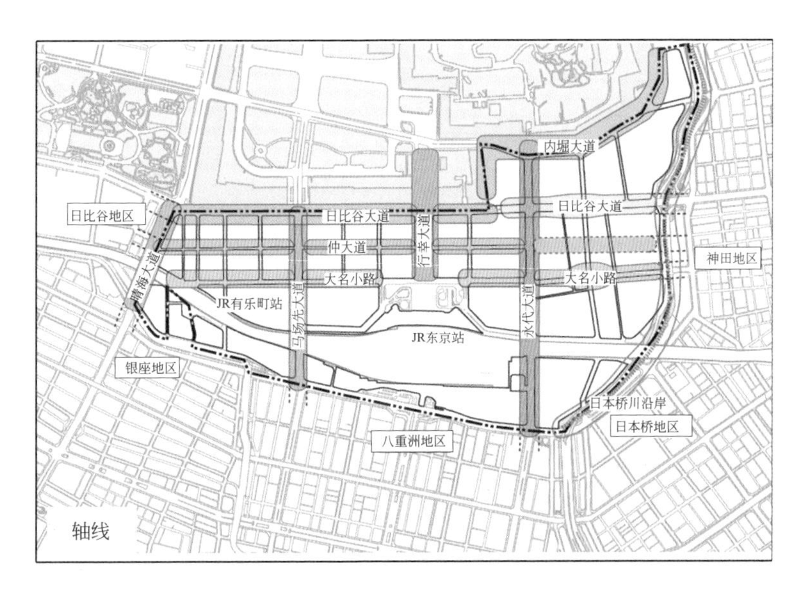

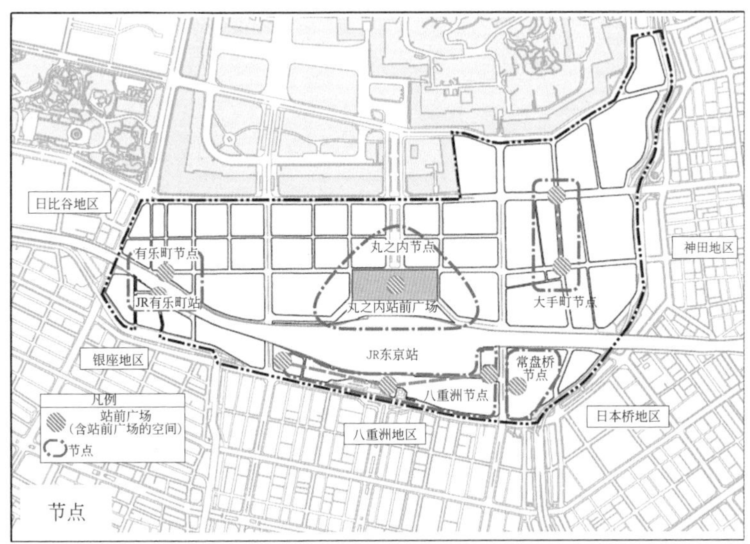

图6.25　丸之内三层空间结构框架

6.10.4　重要轴线——丸之内仲街

在TOD开发中，地面步行系统是非常重要的。作为丸之内地区一条重要的东西向轴线，丸之内仲街全长1.2km，是一条非常有魅力的商务、商业活动街道（图6.26）。它的道路空间和景观设计别具一格，具体手法如下：

① 极低的马路牙设计，混合了机动车与步行空间；

② 以道路空间为舞台，午休时间通过交通管制打造“步行者天堂”，活动举办期间灵活利用道路；

③ 拓宽步道，确保两侧7m的行走空间，并利用该步道设置绿化树木、长椅、户外雕塑（图6.27）；

④ 延续31m的建筑高度线与21m的街宽形成了尺度上的平衡（图6.28）；

⑤ 通过地区管理，设置灵活餐车和开放式咖啡座，使街道空间利用更为灵活。

图6.26　丸之内仲街街道氛围

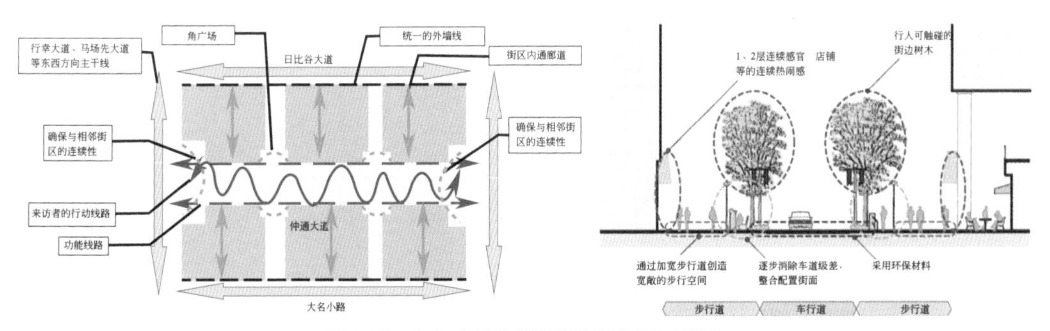

图6.27 丸之内仲街规划概念及剖面示意图

图6.28 丸之内街道尺度分析

6.10.5 方法与策略

(1) 步行者网络

为打造有魅力的TOD城市街区，丸之内非常重视步行者网络的建设。丸之内的步行者网络由地上、地下两个层面构成，其中地上层面包括街道及私人用地内的步道、节点广场等（图6.29）。难得的是，许多私人开发街区的一层设置

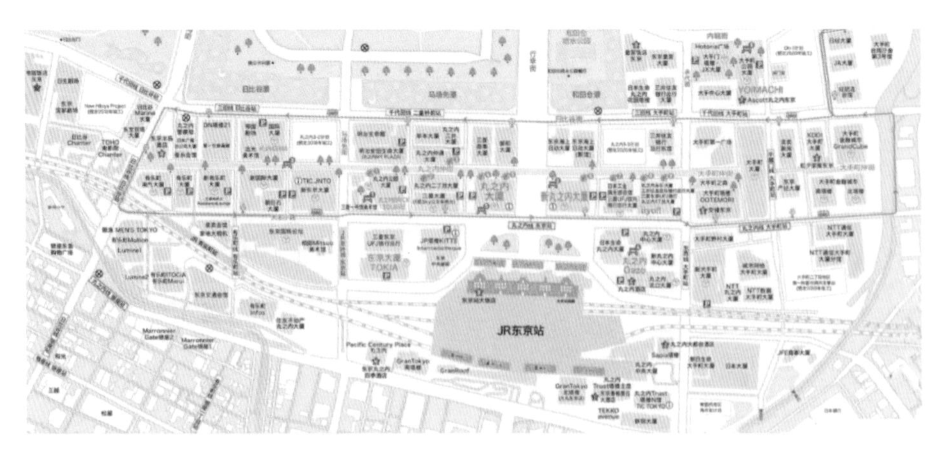

图6.29　丸之内地上总体布局图

了商业走廊，并向公众开放。这些开放的私人用地内的领域也是步行者网络的重要组成部分。

在丸之内的百年建设中，地下网络也在补充原有公共通路的情况下逐步完善。四通八达的地下网络彻底打通了各私有地块的地下商业空间，还设置了一个较大的兼具避难用途的地下公共广场，该广场的位置就在丸之内站前广场的正下方（图6.30）。

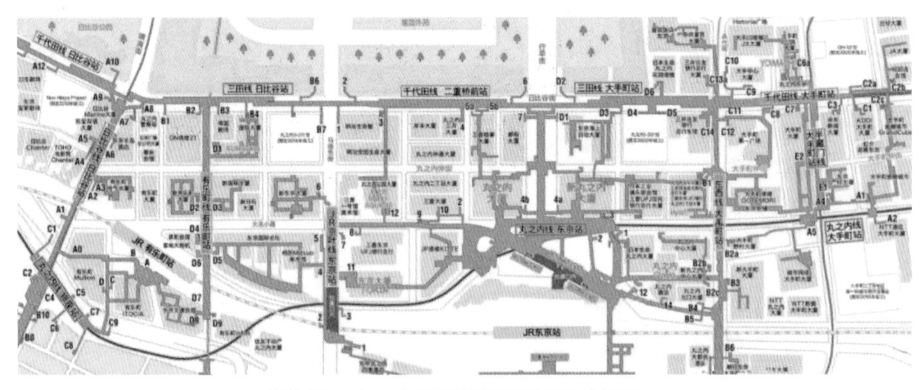

图6.30　丸之内地下步行网络总体布局图

丸之内有发达的地下空间网络，一些私人开发地块都在用地内设置了地下空间的出入口——下沉式广场。这些广场尺度不大，但精致实用。

以三菱UFJ信托银行总行大厦及日本工业俱乐部会馆项目为例，这是一个对旧建筑进行保护并在其旁边新建高楼的项目（图6.31）。新建的塔楼高148.36m。这个项目用地狭小，但即便如此，依旧在基地的西北角设置了一个精致的下沉式广场，该广场与地下商业街和地下站前广场相连通（图6.32）。

图6.31　三菱UFJ信托银行总行大厦及日本工业俱乐部会馆项目

图6.32　下沉式广场实景

又如位于丸之内和大手町两条街交点的丸之内永乐大厦项目（图6.33），该项目中的塔楼在布局时注意向两条街道展开，具有了“门户”的形象特征。无论是其对天际线的处理方式，还是31m裙房高度控制线和裙房顶大屋檐的做

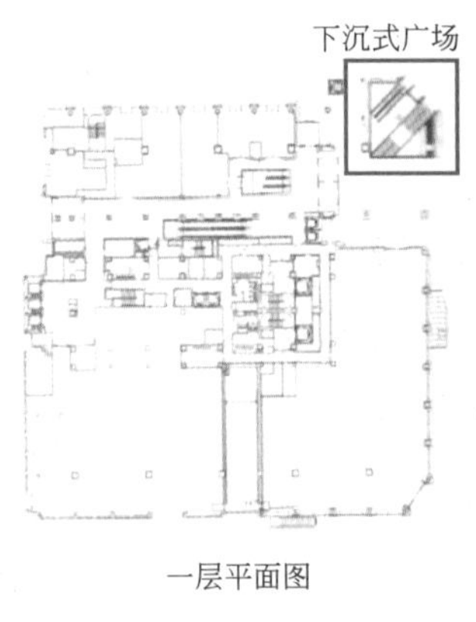

图6.33　丸之内永乐大厦项目

图6.34　丸之内永乐大厦下沉式广场

法，都代表了非常典型的受丸之内规划“导则”控制的立面设计手法。与三菱UFJ信托银行总行大厦地块相似的是，这个项目在地块一角也设置了一处下沉式广场以连接地下商业（图6.34）。

从以上两个项目中，我们可以找到一些共同点。两个项目均是通过设置下沉式广场实现了地下空间的外部人流导入，并保证了地下空间的连续性。另外，在私人地块内部引入城市公共空间，强化了区域内的步行体验。

（2）环境共生策略

环境共生策略包括总体的绿化规划、缓解热岛效应的策略、节水节能措施等（图6.35）。另外，值得一提的是，除了地铁交通外，丸之内的区间交通体系也十分发达。

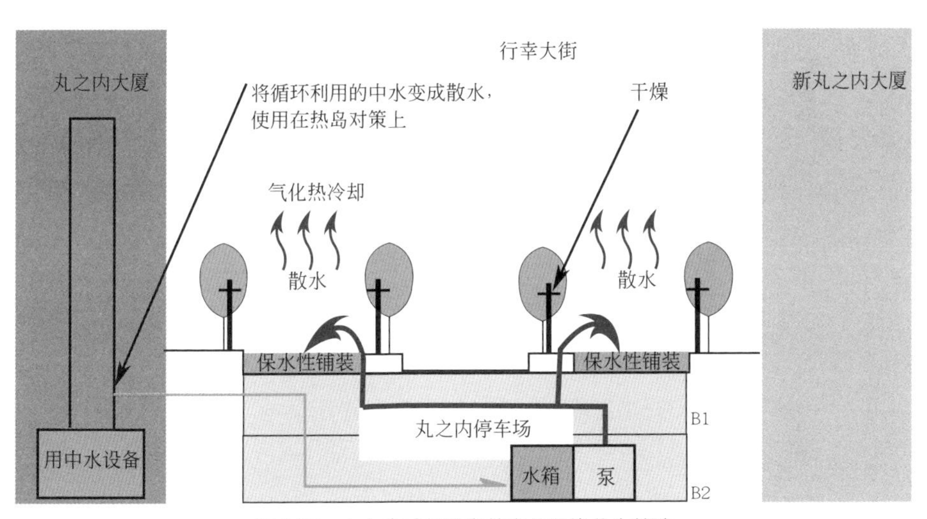

图6.35　丸之内减缓热岛效应的环境共生策略

① 绿化地图。形成以皇宫、日比谷公园为中心的绿地骨架，同时充分结合屋顶绿化。

② 缓解热岛效应。通过提高绿化覆盖率和对城市公共区域布局冷却设备，来缓解高密度商务区的热岛效应。夏天注重“风道”的形成，冬天则通过建筑裙房、屋檐和街道树木来削弱强风（图6.36），以提供舒适的户外步

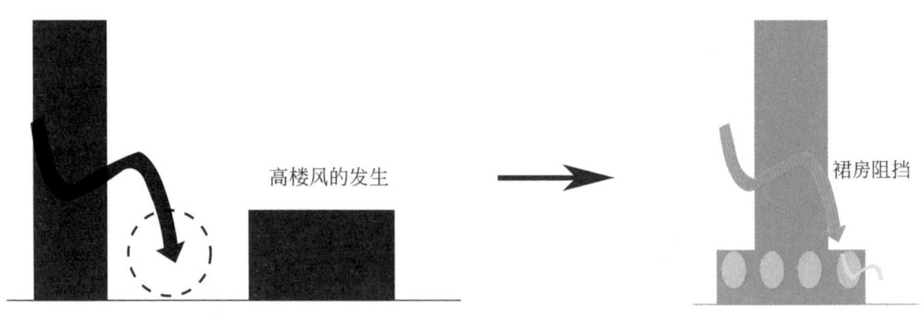

图6.36　丸之内削弱强风的环境策略

行环境。

③ 节水措施。以建筑、街区、地区三个层面为单位，进行水资源的利用，设置地下储水槽，一方面利用泉水、河水的温差能源，另一方面将储水作为防灾备用。

④ 区间交通体系。为了解决TOD的“最后一公里”问题，设置丸之内区间汽车、三轮出租车等。

⑤ 其他辅助设计。辅助设计包括标识设计、灯光照明设计、户外广告设计等。比如，为强调丸之内统一的标识设计规则，特意制定了标识设计指南，就标识的文字、图形等都设定了统一的规则，在街道、楼宇、地下步行网络、停车库里均有国际化且清晰易懂的标识设计。

另外，为了提升街区的魅力和安全性，丸之内也形成了为夜间景观制定的照明设计指导手册，重点强调对大厦顶冠（为塑造天际线）和历史31m高度线的照明处理（图6.37）。

这里值得一提的是，户外广告也是丸之内城市设计控制的重要一环。这里的户外广告包括张贴在街道的广告以及高楼和店铺中的广告，它除了具有信息及消息传递作用外，还具有娱乐大众作用和创造街道景观作用。因此，需要根据环境特征，提供高质量的广告作品。街区建设导则中提出广告标识要考虑四大要素（图6.38），以提高设计品质。

综上所述，丸之内地区已不仅仅是日本的商务金融中心，也是一个宜居的城市生活中心。丸之内没有很宽的城市主干道，主要依赖的是东京站四通八达

图6.37　历史31m高度线的照明处理

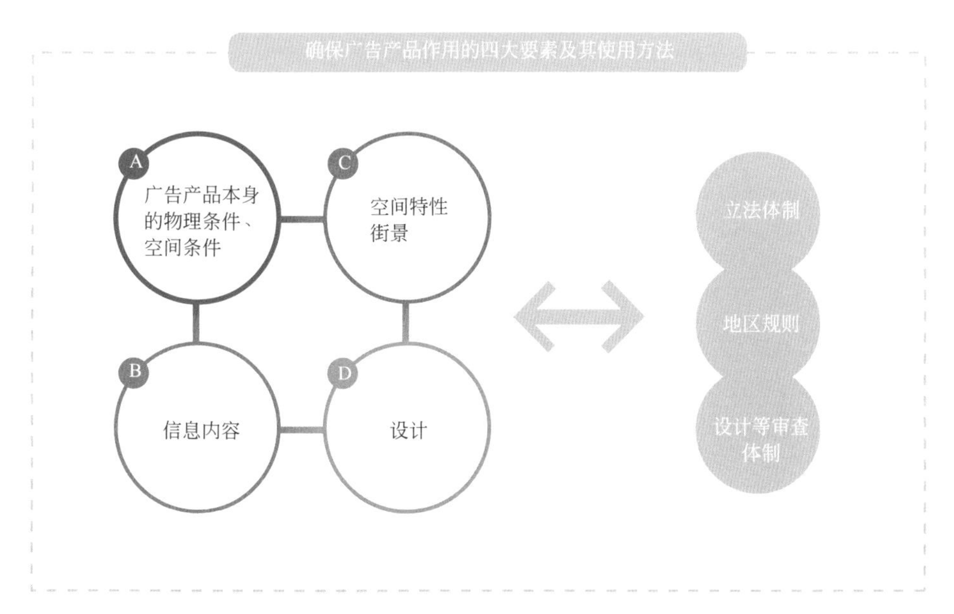

图6.38　街区建设导则中提到的广告设计四大要素及使用方法

的对外交通系统，是一个非常典型的TOD城市开发项目，这成为它的一大特点和优势。发达的地上、地下步行网络使得在这里工作、居住的人和旅游观光客可徒步、不淋雨、安全地逛遍每个角落。一个完善、细致而不失灵活的街区建设导则保证了丸之内地区建设的有序、和谐与高效。正是120年来坚持不懈地以整合丸之内区域各个地块和建筑的关系为目标的卓越努力，才成就了丸之内这一富有魅力的城市中心。

第7章

TOD 场所营造

“场所营造”的英文为“place making”。TOD开发与场所营造又有什么关系呢？要回答这个问题，需要先来看一下场所营造的内涵。

7.1 何谓场所营造

首先问大家一个问题，为什么场所营造要译成“place making”而不是“space making”？如果说场所place不是那个所谓的空间space可以替代的，那么场所究竟指的是什么？

挪威建筑理论家诺伯格-舒尔茨曾提出：场所与物理意义上的空间和自然环境有着本质上的差别，是由人、建筑和环境组成的整体。有人说场所是物质空间与人互动的产物。在我看来，以上说法尽管没有明显的错误，但过于抽象。场所不只是空间，它的内涵中还有人们在这个空间利用中的生活构建。所谓的场所精神，就是连接人们生活与这个空间的情感纽带。所以要打造一个成功的场所，离不开生活和空间这两层内容。空间中的生活有些是设计诱导的，有些则是完全自发的，不是设计出来的。城市中的很多广场就是因为人们自发的活动和行为而显得生机勃勃。

TOD作为一种城市资源和空间的组织方式，应该从三个层面来看。

第一个层面是宏观层面，是大尺度层面上的规划，包括各功能的比例分配与布局，如大的交通、设施选址、路网体系等。这是从很远的距离或者说是航拍角度看到的城市区域。

第二个层面是中观层面，属于中等尺度，描述的是步行路径和区域空间的组织，包括城市的广场与街道的组织方式、大型标志物等。这是从低飞的直升机视角看到的城市。

第三个层面则是微观层面，是小尺度也是最具人性化的视角，是人们日常行走时看到的城市，更多地关注空间的界面、景观、细节等要素。这也就是扬·盖尔曾在《人性化的城市》一书中提到的“5km/h的低速建筑学”。

我们在前面的章节中较多地围绕TOD规划的宏观层面进行了讨论，局部也稍微涉及了一些中观尺度，但对于“场所营造”来说，更多地会在中观尤其是微观层面上展开。尽管是第三层面，但也绝非次要。因为只有通过成功的场所营造，TOD才是建设更美好城市的有用模式。TOD解决的不仅仅是效率问题。

丹麦著名设计师扬·盖尔曾说："为了设计出伟大的人性化城市，只有一条成功之道，那就是以城市生活和城市空间为出发点。"这一点与场所塑造的本质是相通的。TOD设计本身就是基于两个目标，一是提高城市资源配置（尤其是交通）的效率，二是提升城市生活的舒适度、便利性和人性化。前者主要表现在宏观和中观层面上，而后者主要体现在微观层面的设计中，它与空间、生活、氛围等息息相关。

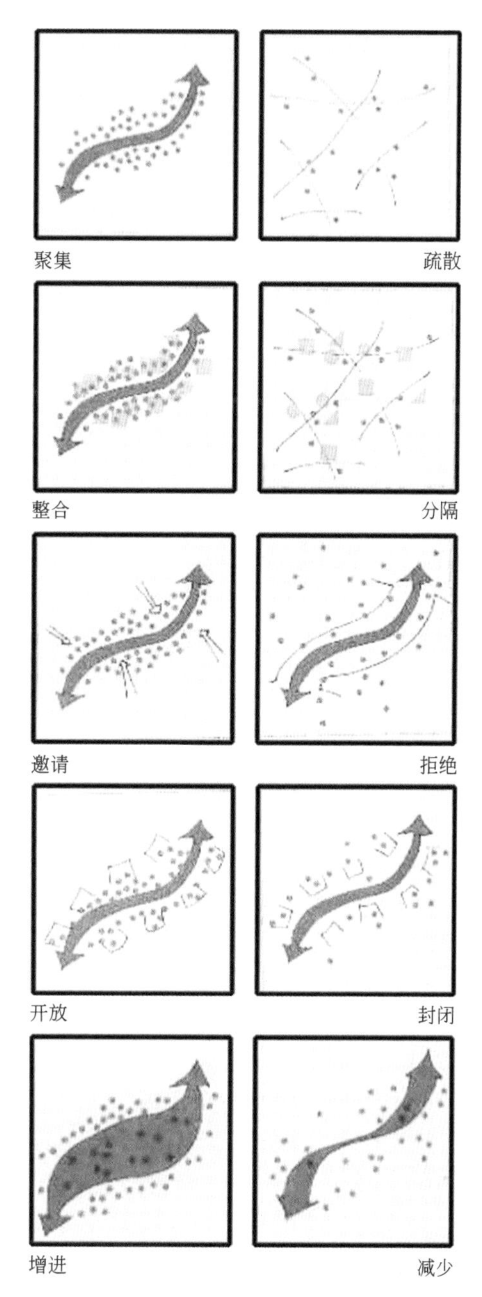

图7.1　人性化与非人性化城市空间的五个维度对比

（资料来源：盖尔.人性化的城市[M].欧阳文，徐哲文，译.北京：中国建筑工业出版社，2010.）

7.2　人性化场所的特点

TOD设计的目标之一是提升城市生活的人性化，那么一个人性化场所有哪些特点呢？

扬·盖尔曾在《人性化的城市》一书中提到设计人性化城市空间有五个维度，这五个维度分别为聚集、整合、邀请、开放、增进，而与之相反的做法则是疏散、分隔、拒绝、封闭、减少（图7.1）。

（1）聚集

聚集指的是让城市各功能设施合理布局，并且尽量让这些设施之间的距离接近，从而使得活动发生具有更高的频次。在TOD项目中，需要将交通设施、商业设施等就近布局，这样就可以激发更多、更丰富的城市活动。

（2）整合

整合指的是将各类功能设施有机地组织在一起。以日本商业开发与交通一体化的历程为例，其也是从早期的车站型百货逐渐发展出车站内部商业、车站地下商业街、车站上盖购物中心、车站高架桥下商业街等形态。近年来，日本各大轨交公司都在借助城市更新和文化商业发展的契机，研究高架桥下的空间利用。如东急铁道公司和东京地下铁公司联合打造的东京中目黑站高架下3600m^{2}的商业街，成功地利用了东急东横线和日比谷线下全长约700m的狭窄空地。以中目黑站为起点的30家店铺，引入了茑屋书店等文化商业品牌，完全颠覆了人们对高架下空间的印象（图7.2）。这种整合城市“废弃”空间与商业的做法非常值得我们借鉴。

图7.2　东京中目黑高架桥下的商业街

（3）邀请

邀请意味着模糊城市与建筑之间的边界，使建筑内外的活动产生互动。“邀请”最重要的在于是否能吸引人们停留。在一个人们愿意停留的地方，其空间质量一定不会太差。有人做过统计，发现人们在作为城市空间边界的平台、露台和前庭花园处比在城市其他空间位置停留下来的概率大得多。城市中设置街边咖啡馆和户外咖啡座，是最能体现这种邀请意味的氛围要素。

扬·盖尔在《人性化的城市》一书中说道，如果城市空间缺乏边界部分，立面光滑而无细节，那么从“停留心理学”来讲质量就很差了。他提出，在适合停留的城市空间中，立面不应该那么平整，而是应该提供依靠点。我们常常会在国内看到那种长达数百米笔直的、无节点的地下商业街设计，这从空间人性化角度来说无疑是一大败笔。

（4）开放

开放指的是城市边界应是通透、柔性、友好的。我们看到国内早期的封闭式大社区，常常设有长长的、生硬的外墙，这种设计导致城市街道毫无生趣，没有人愿意在这里长时间停留或漫步。地下商业街中的很多商店打烊后，橱窗用卷帘封闭，这使得在夜晚，通行走廊给人感觉不安全，降低了人们的步行乐趣，这样的路径还有什么体验可言呢？当人们的视线不受阻碍，可以从外面看到橱窗里的内容时，人们会感到这里更安全、更亲切。

（5）增进

增进就是指设计应鼓励和引导人们步行和使用公共交通，提供更让人感到安全、自由、舒适、有趣的环境。具有良好的尺度，又有遮风避雨的功能和丰富的商业活动是地下步行街吸引人们的关键要素。步行街的设置应能良好地衔接公共交通枢纽和工作场所、居住场所，但不能过于冗长。

7.3 美国的经验

美国TOD研究协会提出了TOD场所营造的八大要素。

（1）邻近轨交车站

开发项目距轨交车站的距离应在1/4～1/2mile（1mile≈1609m）之间，相当于人们5～10min步行的极限距离。

（2）城市客厅

成功的公共空间设计应由富有吸引力的、尺度良好的建筑体量围合起来，形成城市客厅（图7.3）。

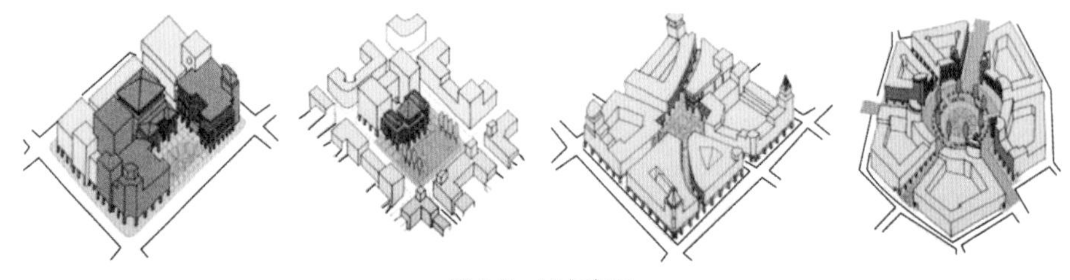

图7.3　城市客厅

（3）混合功能——丰富生动的场所

在历史上，人类聚居区都是混合功能的，通过混合商业、办公、居住、酒店、市政设施等多种功能，形成一个多元有机的整合环境。不同规模、空间特点、租金价格的业态结合可以为人们提供更多的选择。

（4）行人尺度——舒适、安全、有趣

应注意城市空间中的人性化、生活化因素，包括丰富的店面、安全舒适的步行环境。建筑具有良好的尺度和细部，比如拥有大量橱窗、阳台等细节。实现人车分行，即使是人车共享街道也应给予行人最高优先权。

（5）积极的首层商业环境

在成功的TOD项目中，首层设置商业是必要的条件。连续的店面可以激活大量的步行活动，这就是为什么我们在做TOD地下连通道时也要尽量保持商业界面连续的原因。而且这些商业界面应由小型的、店面较窄的店铺构成，大店铺要么被塞在小店铺后面，仅露出合适的店面宽度，要么放到二层以上。小空间会吸引更多小型的家庭经营式或本地店铺，而这些店铺会给一个场所赋予特质（图7.4）。

图7.4　较窄店面构成积极的商业环境

（6）街边咖啡馆

街边咖啡馆可以为TOD增添一份活力。有户外咖啡馆的街区更能吸引人、留住人。一些成功的户外咖啡街区甚至能延续八个街区以上，而且拥有上百个户外咖啡座（图7.5）。

图7.5　街边咖啡馆

（7）林荫街道

成排的树木会为街道带来生机和舒适感，并且树木在一年四季中创造一种动态变化之美。树木还会通过其宽大的树冠优化街道尺度和提升街道空间的围合感，并且提供夏日遮阴、雨水吸收等气候调节上的有利因素。这些对于提高街道和商业环境的宜人性是非常有利的（图7.6）。

图7.6　林荫街道

（8）削减和隐藏机动车停车位

成功的TOD项目应减少停车数量，利用混合功能来共享车位，并把停车位隐藏在建筑后，或用有活力的功能业态来“包裹”它。

在美国TOD场所营造理论中提到交通枢纽车站应与城市结合在一起，而不是位于被大片停车场包围的郊外，应便于步行或骑自行车到达，减少机动车的使用，且鼓励高品质的咖啡馆、餐厅、零售等业态与车站结合（图7.7）。因此，在美国TOD理论法则中，按照场所营造理念建立的TOD社区与车站设置是紧密相关的两个要素。

图7.7　隐藏与“包裹”机动车停车位

7.4　TOD场所设计的常见误区

在TOD场所设计中，要注意避免以下几种常见误区。

7.4.1　空旷的步行天桥

不少TOD设计往往用单调乏味的步行天桥连接各个场所，这种冗长而“令人望而生畏”的步行天桥剥夺了人们有趣的散步机会（图7.8），是TOD设计中常见的一大误区。解决的方法是要么打造更有趣味的空中或地下连接空间，要么采用管理和设计手段使行人仍保留在街道同层平面上，有尊严地过街。2009年纽约开放的一处高架步行天桥名叫“高线公园”，这座公园长约1.5km，高约30ft（1ft=304.8mm），是由一座废弃的高架铁路改造而成的。“高线公园”提供了丰富的景观设计，包括树木、甲板，以及经过设计的特色座椅、喷泉、休闲小径等。它不仅连接了不同的办公楼宇，而且提供了一处鼓励人们在此放松、健身、社交的健康生活场所（图7.9）。

图7.8 日本仙台一处纵横交错但无趣的人行天桥

（资料来源：盖尔.人性化的城市[M].欧阳文，徐哲文,译.北京：中国建筑工业出版社，2010:132.）

图7.9 纽约高线公园

7.4.2 阴暗无趣的地下通道

在早期的TOD项目中，常常可以看到阴暗无趣的地下通道设计。强迫人们使用阴暗无趣的地下通道是不人性化的，容易给人不安全感和不愉悦感，进而影响商业体验。解决方法有两种：一种是考虑与商业店铺相结合，形成地下商业步行街，以提供舒适、有趣的步行环境；另一种是把自然阳光及景观导入到地下通道中（图7.10）。

图7.10 把自然阳光引入地下通道——日本长崛地下街

7.4.3 笔直冗长的路线

有些地下商业街为了连接不同的目的地，规划了一条笔直的路线，长达数百米。这种规划设计出来的通道在实际使用中是非常可怕的。其实，最好的路线是“通而不畅”，每一两百米处应有休息节点或方向的转换，也可设置弧形线路，吸引人们行走，让人们不觉得枯燥乏味。

7.4.4 无趣的等候空间

在传统的交通枢纽设计中，等候空间是无趣的，它只有单一的功能。日本在规划设计车站时，倾向于将等候空间减小，让大部分乘客转化为顾客，把商场变成等候场所。如JR东日本集团将大客流车站大楼建设为服务旅客生活的大型复合式区域型购物中心，集购物、娱乐、休闲、餐饮等为一体，而将中小客流车站建设成为以经营新鲜食品、药品、书籍、快餐和生活用品的社区型购物中心。旅客在等候的同时，可以方便地消费购物。类似LUMINE、Ecute等站内商场品牌，就是在车站内把所有人聚集在一起的商业空间（图7.11～图7.14）。

图7.11　大阪车站商业

图7.12　京都车站商业

图7.13　札幌车站商业

图7.14　上野atre车站购物中心

7.5　场所营造的常见类型

对TOD的场所营造有几个评价维度。

① 空间：包括尺度、建筑形式等设计要素。

② 视野：即使在地下或车站内也有良好的视野，而不是封闭的。

③ 气候：运用一定的技术手段来评估节点场所气候环境的舒适性、宜人性。

在TOD商业设计中，场所营造主要有六种类型，这六种类型是实现空间、视野、气候三个维度目标的最常见也是最有效的方法。

7.5.1　下沉式广场

从尺度来看，下沉式广场一般分为大型、小型，埋深一层（6～7m）及埋深较深（8～10m）或两层的下沉式广场。

7.5.1.1　小型埋深较浅的下沉式广场

此类下沉式广场常常设于用地较为紧凑的场地内，作为地下车站、地下商业街的入口。当然它往往也兼作消防疏散用途，但这个类型不是本书讨论的重点。小型埋深较浅的下沉式广场设计要注意几个方面。

（1）合理的尺度

理想的视觉距离是（1 ：1）～（1 ：2）之间，即人的水平视线与上扬视角在30°～45°之间时，具有较好的封闭感，而小于30°时，封闭感减弱。因此，对于一个围合感较好的小型下沉式广场而言，其尺度建议为12～14m见宽，极限应控制在24～28m之间（图7.15）。

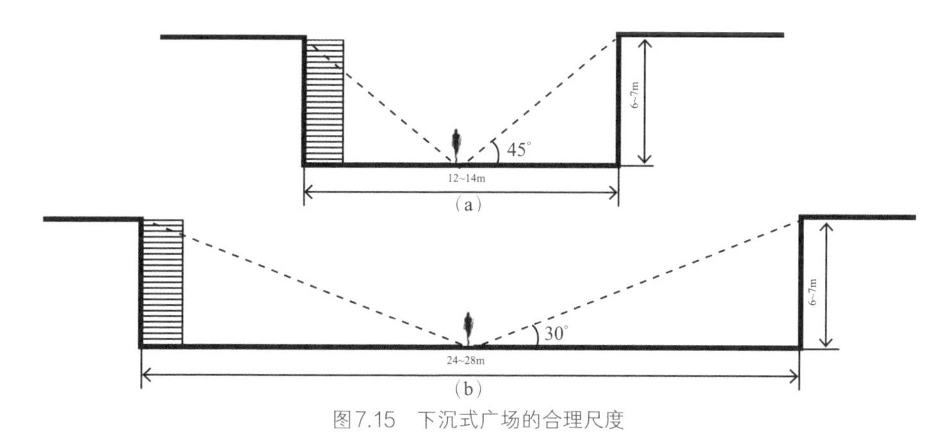

图7.15　下沉式广场的合理尺度

(2) 界面

小型下沉式广场由于空间比较紧凑，在设计上应注意化繁为简，做好点睛之笔。同时，为了避免成为一个下沉式的“采光井”，建议尽量在三个面甚至四个面均有店铺环绕。若有三面商业，则可以利用第四个面设置景观墙或楼梯等。对于尺寸非常小的仅100m^{2}左右的小型下沉式广场，在垂直交通设计上可以同时采用有一定风格特色的楼梯和垂直客梯。这样既满足消防要求，也使下沉式广场的设计具有一些亮点（图7.16）。

图7.16　东京Square Garden项目的小型下沉式广场

7.5.1.2 大型下沉式广场

大型下沉式广场常常是大型商业节点或者地下交通枢纽的重要出入口。一般大于24m×24m，但也不宜大于10000m²，因为从人的视觉观察特点来说，当距离超过100m后，人们只能看到运动中的人，100m可以说是社交范围的极限。当在25m范围内时，我们可以更多地观察对方的面部表情和情感表达，因此小广场是最利于人们观察他人的场所。在此距离之上，35m是另一个关键距离。正如世界上大部分剧场和歌剧院，其舞台与最远座位之间的距离就是35m。若从下沉式广场的人性化设计角度来说，笔者建议一般控制在35～40m的直径范围内。对于少数位于花园或开放用地上的大型下沉式广场，也可以突破这个范围，但极限建议在100m以内。大型下沉式广场除了以景观作为打造特色的方式外，也可以加入运动、儿童活动等功能主题。如青岛新都心生活广场在原来下沉式广场的基础上改建出运动主题广场，在广场外侧打造五人制足球场等设施（图7.17）。

图7.17 青岛新都心生活广场的运动主题下沉式广场

对于大型下沉式广场来说，通常会设置大台阶。大台阶很多时候会与户外剧场、座椅、树池等结合在一起，成为在下沉式广场中创造多层次空间的有效手段，从而有效导入商业人流，实现地上、地下高差的自然过渡。图7.18为几

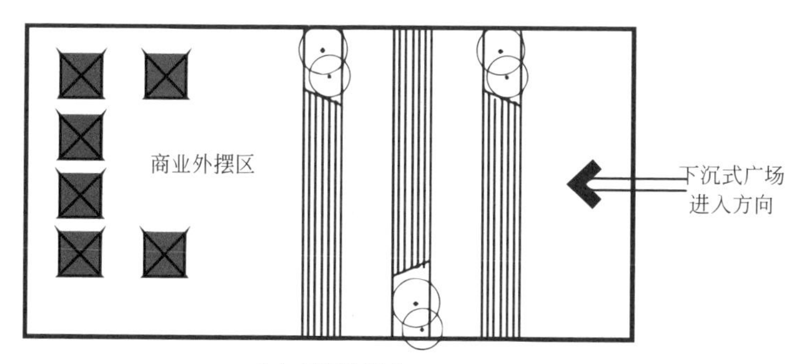

(a) 层层跌落式

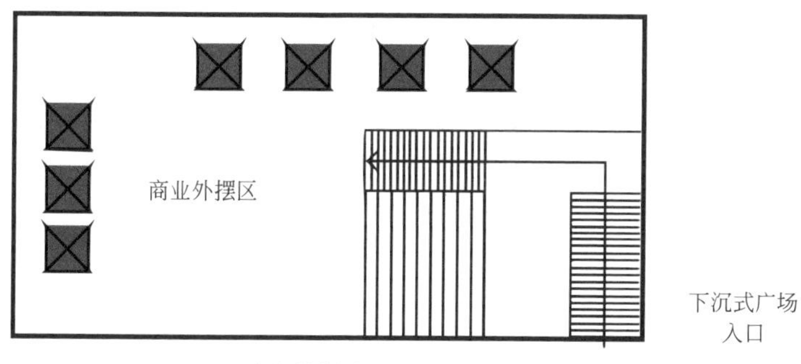

(b) 转折式

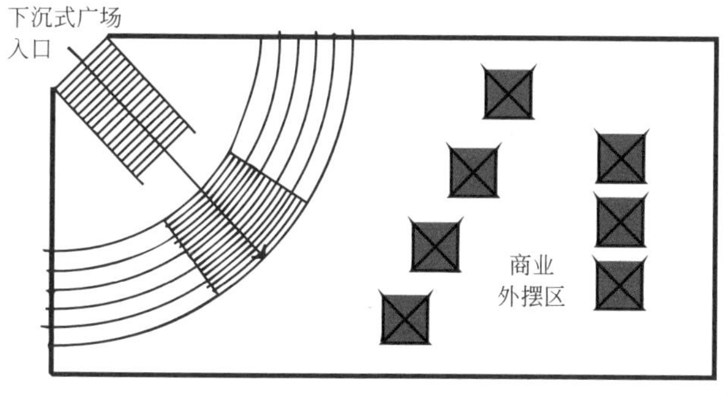

(c) 角部引入式

图7.18 大台阶与下沉式广场结合模式列举

种大台阶与下沉式广场的结合方式。

大型下沉式广场也较为适合在广场中间设置独立景观，如采用大型雕塑、中心喷泉等，形成视觉焦点，同时改善下沉式广场的尺度。有些甚至在下沉式广场中打造多层的水景等园林景观。如泰国清莱中环广场就是一个大型的下沉式商业广场（图7.19）。

图7.19 泰国清莱中环广场

（1）边界

大型下沉式广场设计还要注意边界设计不要太“硬”，应注意与花坛、垂直绿化、坡道等元素结合在一起。如伊斯坦布尔的拾鲜公园，其下沉式广场的边界设计就很有特色，通过草坡、台阶、建筑、木平台等与城市结合在一起（图7.20）。

图7.20 伊斯坦布尔的拾鲜公园

（2）视野

大型下沉式广场应关注视线的引导，避免直上直下的边界形式。视野的指引和放大是打破大型下沉式广场的封闭感和单调感的重要方式。比如日本泉广场，通过层层跌落的平台把人流引入下沉式广场，并连接地铁站（图7.21）。这

图7.21 日本泉花园

些平台同时具有商业店面。这种处理方式可以很方便地把地面层与地铁层衔接在一起，尤其适用于深度较深的下沉式广场。日本泉花园上下落差达20m，但其通过一个层层跌落的下沉式广场将商业、地面与位于五层的办公空中大堂及地铁站厅连接在了一起。尤其是紧靠下沉式广场边的办公大楼及17层高的玻璃中庭及透明电梯与地铁站直接相连。通透的中庭与垂直交通设计给整个下沉式广场及地铁入口带来了活力和特色。

无独有偶，2015年英国伦敦帕丁顿站的改造也具有异曲同工之妙。一座14层的办公楼直落到下沉式广场中，垂直玻璃电梯、地面大堂、空中大堂与下沉式广场形成了错落有致的空间，一个巨大的雨篷将地上、地下统一在一个共同的灰空间中（图7.22）。

图7.22 英国伦敦帕丁顿站的改造

7.5.2 集市

除了用下沉式广场吸引或疏散交通枢纽站的人流外，也有其他一些空间形式，如结合低密度的特色市场，这在欧洲城市中有较多的案例。如南伦敦的新考文特花园市场就是延续了主城区考文特市场的文创集市特点，从而打造了一处高低密度共存的“站城一体”（图7.23）。这不同于把大型购物中心直接与地铁枢纽站结合的方法，它打造了另一种差异性；既是城市的一处特色旅游景点，也可以刺激周边商业的发展，同时具有易拆除的优点，未来还可以结合城市发展需求进一步高密度化。

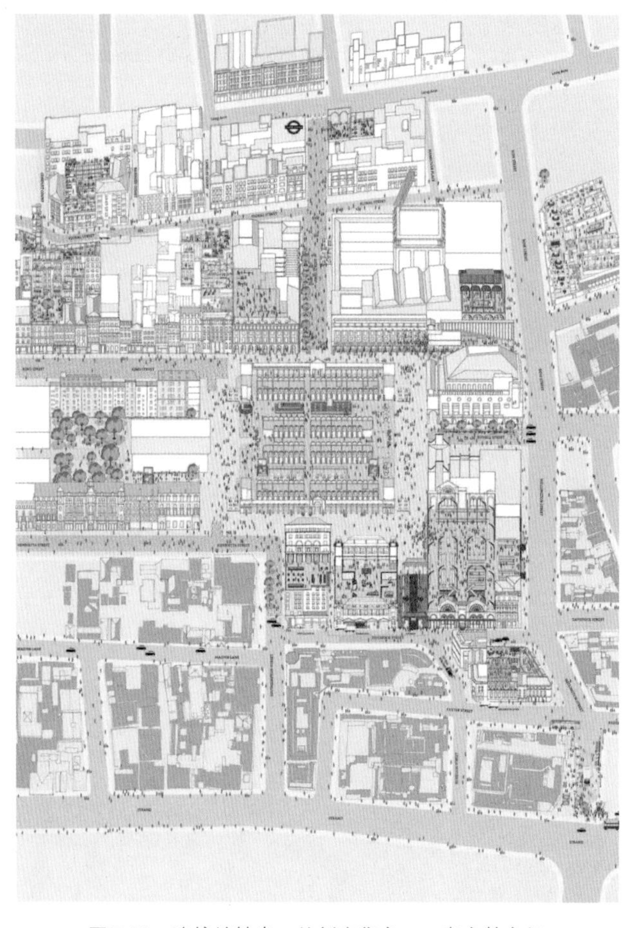

图7.23 连接地铁出口的创意集市——考文特市场

7.5.3 公园

在TOD建设与开发中，为避免同质化，除了采用高密度开发的商业综合体外，也应考虑其他富有场所感的场地设计。比如在城市新区或郊外，也可以考虑将站点与公园、广场相结合，从而发展出“公园城市”的新开发理念，这种开发模式将较高密度的区域围绕在公园周边，形成富有城市生活气息的复合景观带。如英国的大象广场、西部高速计划等项目就是如此。对于近郊TOD站点，可以采用这种与公园相结合的混合社区理念（图7.24）。而若是多个站点的话，甚至可以形成一条富有魅力的城市景观生活带。日本品川国际城就是一个以中央公园为中心的TOD开发案例，为了在提高开发容积率的同时，打造舒适的步行系统，以提升城市空间品质，该项目在一个宽45m、长400m的中央花园的周边形成高度复合化的商务商业建筑群。该中央公园的周边建有直连品川站二层站厅的空中走廊系统，且该走廊与商业功能相结合，再加上遮风避雨的雨篷，使步行环境质量大大提升，充分体现了TOD的规划特点（图7.25）。

图7.24　英国大象广场

二层连廊
品川站东出口再开发规划区域
品川站东出口土地区划整理范围
品川站东出口再开发建造区域
0 25 50 100 200m

图7.25　日本品川站

7.5.4 公共广场

在伦敦的金融城旁有一个利物浦火车站，这个站点在高密度的建筑环境中为人们提供了一处公共广场（图7.26），在这里人们可以休息、等候、晒太阳、享受城市的美好时光。在这处跌落广场中，有草地、落水、座椅、台阶、乒乓球桌等，这里每年接纳着上百万旅客。这个站前生活广场成为车站与城市生活之间的纽带。在郊区节点中也比较适宜采用公共广场与交通站点相结合的布局方式，并且常常可以进行车站、商业、广场一体化综合开发。这种站前商业广场或生活广场的模式不同于我国一些城市枢纽站前空旷的集散广场。以日本的田园都市线多摩广场为例，其将车站的室内广场与外部近1000m^{2}的商业广场无缝衔接，从而将车站打造成为独具魅力的城市玄关（图7.27）。

图7.26　利物浦火车站站前广场

图7.27　日本多摩车站

日本大阪梅田站则是一个将城市商业广场融入站内的组合模式，是一种更为集约化的开发模式。大阪梅田站里集合了购物中心、娱乐（剧院等）、百货店、办公、服务设施（游泳池、温泉）等多种业态。车站内形成了大型的共享中庭，向城市开放，在整个车站中共集结了八个不同的广场，其中最为吸引人的是位于车站桥层面5层的时空广场。在这里不仅仅用以连接各个方向的大量人流，也为穿梭在整个车站的行人带来独特的体验。上上下下的扶梯使换乘空间步移景异(图7.28)。

图7.28　大阪梅田站5层的时空广场

需要注意的是，公共广场在尺度上面临着与下沉式广场同样的问题，因此要控制其合理尺寸，以保证能吸引人们在此停留。

7.5.5 屋顶广场

屋顶广场在一些商业、交通复合型建筑中设置较多。香港九龙站是一个比较早的案例。东涌线与机场快线从用地中穿过，在其之上布局了上盖商业、写字楼、公寓酒店等多种功能。一个巨大的屋顶花园为交通人流、商业人流、办公人流提供了一处开放休闲的城市活动空间（图7.29）。

图7.29 香港九龙站屋顶广场

日本新宿站交通站点与JR新宿MIRAINA TOWER、文化设施LUMINEO、商业设施NEWoMan共同构成城市地标（图7.30）。新宿站整合了地铁、公交等设施，通过步行回廊、立体广场形成复合化换乘系统，使地下车站、车站商业、地上车站、地上商业等城市空间实现了无缝连接。为了使乘客具有更好的停留体验，新宿站在空中、地上形成了多层次绿色露台广场（图7.31）。

图7.30　日本新宿站复合型城市地标

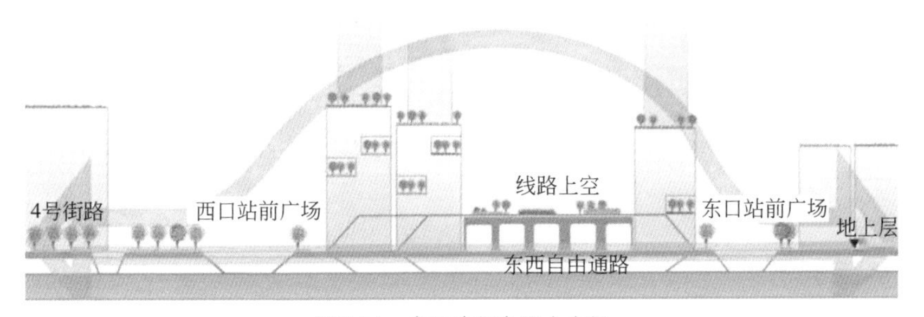

图7.31　多层次绿色露台广场

7.5.6　地下街

地下街也是TOD商业常采用的一种空间类型。地下街的布局一般有两种模式，一种是位于地块红线外市政道路下方或公共绿地下方，另一种是在红线内建筑下方。位于建筑下方的地下街常常与地上室内空间在功能和空间上相关，在这里不再赘述。这里重点讨论一下位于市政道路下方的地下街。地下街的宽度应考虑中间步行通道、两侧商铺及疏散出口的布局，且中间步行通道应尽可能导入地上采光，因此地下街宽度适宜在24～36m之间（图7.32）。

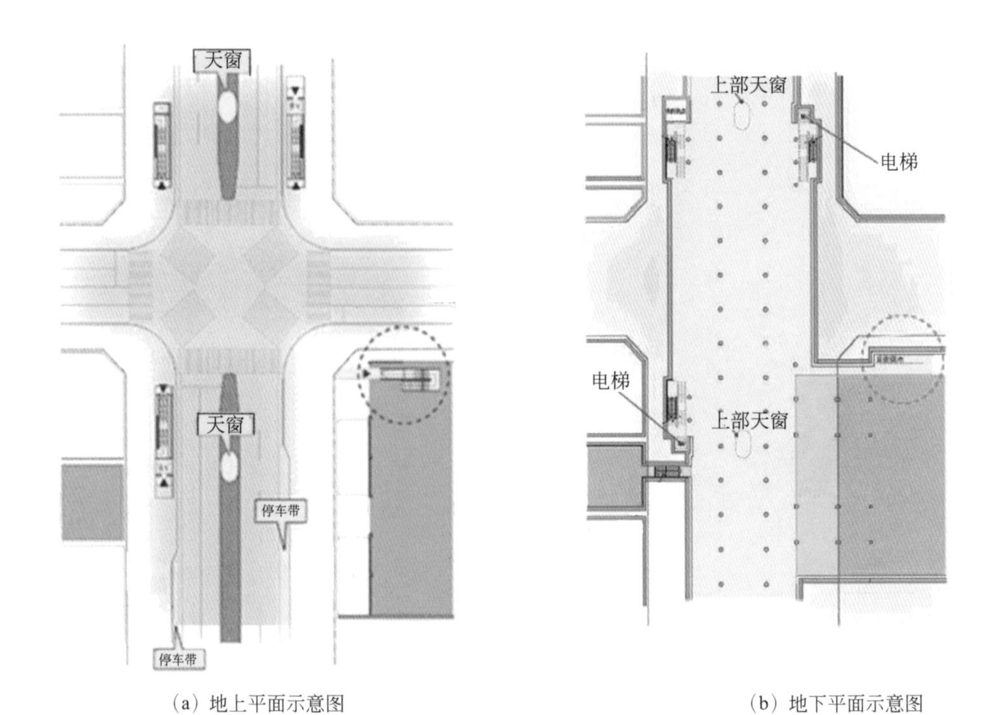

（a）地上平面示意图

（b）地下平面示意图

24~36m
4~8m
8~12m
4~8m
商铺
商铺

（c）地下街剖面示意图

图7.32　地下街建议尺度示意图

日本札幌地下商业街便是一条位于城市道路下的地下商业街，地铁位于其正下方。该商业街在道路中央绿化带里设置了采光井（图7.33），疏散楼梯出口结合人行道布置，地下商业街总宽度约为36.36m，中间的步行通道为12m。设置在道路中央绿化带里的采光井为提高地下空间的舒适性和宜人性起到了重要的作用，值得借鉴。

图7.33　日本札幌地下街（地上路面与地下街实景）

7.6　步行环境指标

对于优秀的TOD项目而言，营建良好的步行体验环境十分重要。目前国内外有大量关于步行环境评估方面的研究。笔者在综合研究后，建议以表7.1中的10项指标来评测TOD街区步行环境质量，操作相对清晰、简单，且项目与项目间具有可比性。该表将10项指标归为两类，一类与步行效率有关，另一类与步行舒适度有关。

表7.1　步行环境指标计算方法

一级指标	二级指标	具体指标	单位	计算公式	备　注
高效性	步行高效性	步行路网密度	km/km^2	街区内步行道路长度 ÷ 街区面积	衡量街区内步行路网分布的密集程度
		路径多样化指数	—	$r=L/N$ r为路径多样化指数；L为道路连接数；N为道路节点	衡量路径选择的多样化程度，节点数相同的情况下，道路连接数越多，路径多样性越高
	功能高效性	功能复合平均距离指数	—	$D=1/d$ D为功能复合平均距离指数；d为功能两两间平均距离	衡量水平方向混合功能间联系紧密程度，取不同功能距离两两间平均值
		商业服务高效性	—	临步道的商业配套面长度 ÷ 街区面积	衡量步行与商业结合紧密程度（包括负一层及地上二层步道）

续表

一级指标	二级指标	具体指标	单位	计算公式	备 注
舒适性	物理舒适性	夏季外部空间遮阴率	%	$R=S_2/(S-S_1)$ R为夏季外部空间遮阴率；S为街区面积；S_1为建筑基底面积；S_2为夏至日14点日照分析计算外部空间阴影区面积，忽略与乔木投影的重合面积	衡量夏季外部空间遮阴率对步行活动舒适度的影响
		冬季外部空间日照率	%	$L=S_0/(S-S_1)$ L为冬季外部空间日照率；S为街区面积；S_1为建筑基底面积；S_0为冬至日9：00～16：00日照1h以上区域面积	衡量冬季外部空间日照率对步行活动舒适度的影响
		风环境指数	%	$W=[(S-S_1-A_1)+(S-S_1-A_2)]/2(S-S_1)$ A_1为夏季静风区面积；A_2为冬季强风区面积；S为街区面积；S_1为建筑基底面积；W为风环境指数	衡量街区内风环境对步行活动舒适度的影响
	心理舒适性	绿地率	%	绿地面积÷街区面积	衡量自然景观覆盖占比，绿地、水体等自然覆盖符合人与自然亲和的心理
		公共活动空间覆盖率	%	公共活动空间辐射范围÷总用地面积	以100m半径（步行2min)为辐射范围，开敞空间以边界为基准向外辐射，非开敞空间以入口为基准向外辐射，重叠部分不累计
		尺度宜人性指数	%	$N=d_0/d>2$且$h_0/d>2$ $G=d_0/d<1/2$且$h_0/d<1/2$ $P=n/(N+G)$ N为狭隘空间；d为建筑间距；d_0为建筑相对面长度；n为建筑栋数；P为尺度宜人性；G为巨人尺度空间；h_0为相对两建筑中较高建筑的高度。	衡量街区内空间尺度宜人程度，防止狭隘空间和巨人尺度空间出现

[资料来源：金俊，张静宇，范旭艳.城市开放街区步行环境质量评价初探——以南京河西CBD和日本品川国际城为例[J].上海城市规划，2017(1).]

在这里必须指出，物理舒适性的三项指标包括夏季遮阴、冬季日照以及风环境指数，需要借助技术手段进行研究。

在进行功能布局时，也可以参考这些环境因素，如商业外摆及人流停留活动区适合于放置在夏季有遮阴、冬季有阳光的区域，以及避开夏季静风区和冬季强风区。

有研究者采用上述指标体系比较了日本品川国际城（11.54hm^2）与南京河西CBD南区（17.95hm^2）（图7.34）的步行环境指数，具有一定的借鉴意义(表7.2、图7.35)。

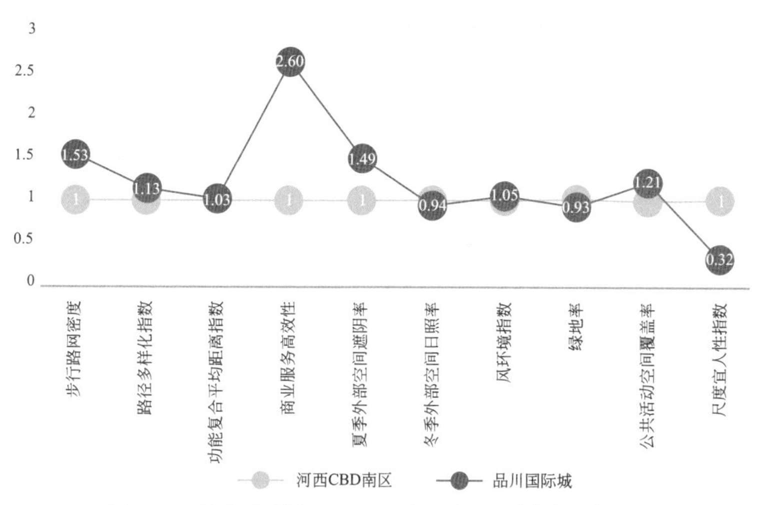

图7.34 品川国际城与河西CBD南区步行环境指数比较图示

表7.2 日本品川国际城与南京河西CBD步行环境数据比较

一级指标	二级指标	具体指标	单位	原始数据		标准化数据	
				河西CBD南区	品川国际城	河西CBD南区	品川国际城
高效性	步行高效性	步行路网密度	km/km^2	29.25	44.71	1	1.53
		路径多样化指数	—	1.42	1.61	1	1.13
	功能高效性	功能复合平均距离指数	—	4.74	4.86	1	1.03
		商业服务高效性	—	5.07	13.17	1	2.60
舒适性	物理舒适性	夏季外部空间遮阴率	%	38.22	56.78	1	1.49
		冬季外部空间日照率	%	86.80	81.64	1	0.94
		风环境指数	%	52.63	55.18	1	1.05
	心理舒适性	绿地率	%	20.39	19.06	1	0.93
		公共活动空间覆盖率	%	82.67	100.03	1	1.21
		尺度宜人性指数	-	34.00	2.80	1	0.32

图7.35 日本品川国际城与南京河西CBD

7.7 场所营造的保障机制

场所营造离不开交通运输设施与地产开发的紧密结合，因此其更多的是对城市区域的整体规划和“创建”。这一最终目标的实现需从以下角度考虑。

7.7.1 充分结合公交与地产

公交与地产的关系是空间的，应注意两者的有机联系与整合。如前文所述，具体有三种联结方式。

① 空间叠加。也叫作空间权开发，这种开发比另外两种方式更为复杂一些，因其在施工、技术协调方面更为复杂。空间权开发可能是公交设施位于私人建筑内及其下方。

② 紧邻开发。指地产开发靠近公交运输设施，而非在其上、下方。此时，接口设计或预留就尤为重要。

③ 地区开发。对于交通枢纽节点周边适合进行多功能的复合化开发，往往会连接更广泛的区域。

在TOD中心商业区中，应注意到交通线路沿线的短间距车站可促进内部循环和联合开发。如蒙特利尔商业区的规划为中心商业区选择了平行及交织的网状路线，而舍弃了辐射状的系统。蒙特利尔商业区的两条主要路线仅相隔半英里（约805m）。这种线路布局鼓励人们以步行方式从一条线换到另一条线，且不得不穿过蒙特利尔的中心商业区。同样这种做法在多伦多中心地区华盛顿法拉格特广场一带区域也是如此。蒙特利尔车站之间的间距在商业区约为1500ft（约458m），整个系统的车站平均间距为2300ft（约700m）。多伦多商业区的车站间距大约1800ft（约550m），而其他地区车站平均间距为半英里左右（约800m）。华盛顿地区的车站间距稍大些，商业区的站距约为3000ft（约915m），而整个系统的站距平均为1.15英里（约1840m）。

7.7.2 确保土地混合开发

美国城市土地协会曾对混合开发（MXD）下过如下的定义：相当大面积的

房地产开发项目。其特点如下。

① 至少使用三种主要盈利手段（如商业、办公、居住、旅馆、游乐等），且必须良好规划，功能之间相互辅助。

② 各功能部分结合良好，包括不间断的人行连接通道。

③ 开发执行应在统一一贯的规划指导下进行。

7.7.3 明确运营管理主体

TOD 项目中的公共空间包括地面、地下人行通道、楼宇间的人行天桥、开放空间等，这些都是多样化城市建设活动的平台。尤其要注意，此类 TOD 项目中的公共连接通道应明确其运营管理的主体，以确保高品质的空间可以加入商业用途，也有助于确保管理的水平。

7.7.4 提升品质的保障措施

在确保公共场所营建的品质和数量上有以下几种主要方式。

（1）规划条件明确

如在土地出让前，在规划条件中明确土地所要提供的连廊、广场等公共空间。

（2）开发权转移手段

这在日本使用较多，有助于将零散用地进行有机整合。

（3）容积率奖励措施

在欧美、日本等国家和地区运用较多。《纽约市 1961 版区划条例》中就提出针对不同类型的私有公共空间制定了较为详细的奖励额度政策，以及各种特殊功能区的奖励规则（表 7.3、表 7.4）。

表 7.3 纽约激励区划相关规定一览表

类 型	奖励办法	奖励对象	奖励区域
公共规定	私有公共空间	公共空间	基本区划商业用地
		拱廊（步行空间）	
特殊规定	特殊意图区规定	公共广场、剧院、公共设施、交通设施等要求	特殊意图区

表7.4 私有公共空间（POPS）政策一览表

POPS类型	定 义	奖励额度	
广场	全天候向公众开放的连续空间，进深不小于10ft（约3.05m），面积不小于750ft^2（约69.68m^2），不得高于路缘线5ft（约1.52m）且不低于12ft（3.66m），整个空间上空无任何遮挡	容积率为15地区	3～10倍
		容积率为10地区	3～6倍
		容积率为6地区	3～4倍
骑廊	向街道广场开放的连续空间，全天候向公众开放，整个空间高度不低于12ft（约3.66m）	高开发强度地区	3倍
		中低开发强度地区	2倍
抬升式广场	面积至少为8000ft^2（约743.22m^2），且从街道可以容易到达	10倍	
风雨步行空间	高效率的步行交通系统和舒适的室内或半室内公共空间，其要求为室内面积至少1500ft^2（约139.35m^2），高度至少为30ft（约9.14m），提供座椅、便利店、咖啡厅等服务设施	基本公共空间	11倍
		装有空调的室内空间	14倍
		连接地铁站	16倍
跨街区骑廊	建筑内部连接街道与街道、广场，或骑廊之间的连续空间，旨在缓解街道的交通压力，缩短步行距离，并为行人提供遮风挡雨的空间	6倍	
下沉式广场	作为通往地铁站入口处的公共空间	10倍	
户外广场	位于街道层12ft（约3.66m）以下，用作连接街道与地铁站台的户外空间，旨在方便公众进行地铁换乘，并促进地铁站公共空间的空气流通	10倍	

注：1ft=0.3048m。

[资料来源：于洋.纽约市区划条例的百年流变（1916—2016）——以私有公共空间建设为例[J].国际城市规划，2016，31（2）.]

参考文献

[1] 柳思维，等 . 城市商圈论 [M]. 北京：中国人民大学出版社，2012.

[2] 日建设计站城一体开发研究会 . 站城一体开发Ⅱ：TOD46 的魅力 [M]. 沈阳：辽宁科学技术出版社，2019.

[3] 毛保华 . 城市轨道交通规划与设计 [M].3 版 . 北京：人民交通出版社股份有限公司，2020.

[4] 周洁 . 商业建筑设计要点及案例剖析 [M]. 北京：机械工业出版社，2018.

[5] 格兰尼，尾岛，俊雄 . 城市地下空间设计 [M]. 许方，于海漪，译 . 北京：中国建筑工业出版社，2005.

[6] 盖尔 . 人性化的城市 [M]. 欧阳文，徐哲文 , 译 . 北京：中国建筑工业出版社，2010.

[7] 美国城市土地协会 . 联合开发：房地产开发与交通的结合 [M]. 郭颖，译 . 北京：中国建筑工业出版社，2003.

[8] 张玲 . 日本站城一体化开发与轨道沿线的社区营造 [J]. 世界建筑导报，2019(3)：8-10.

[9] 胡映东，陶帅 . 美国 TOD 模式的演变、分类与启示 [J]. 城市交通 ,2018,16（4）：34-42.

[10] 徐正良，张中杰 . 既有地下空间改造为地铁车站的关键技术研究 [J]. 施工技术 , 2010 增 刊:120 ～ 125.

[11] 于洋 . 纽约市区划条例的百年流变（1916—2016）——以私有公共空间建设为例 [J]. 国际城市规划，2016，31（2）：98-109.

[12]DG/TJ 08-2263-2018. 城市轨道交通上盖建筑设计标准 .

[13] 鲁亚晨 .TOD 社区停车需求研究 [D]. 南京：东南大学 , 2006.

[14] 李颂熹 .TID 项目难点及车辆段开发模式探讨 [R]. 北京：TOD 委员会 ,2020.

[15] 宋永超 . 关于地铁车站风亭及冷却塔设置问题的探讨 [R]. 成都：中国铁道学会铁路暖通空调专业 2006 年学术交流会，2006.

[16] 大手町、丸之内、有乐町地区城市建设座谈会 . 大手町、丸之内、有乐町地区城市建设导则 2014[R]. 东京：大手町、丸之内、有乐町地区城市建设座谈会，2014.

后 记

时光如梭，我从事商业设计已近15年，经历了国内商业地产的潮起潮落。记得当我刚加入美国凯里森建筑事务所并开始学习商业设计时，购物中心、生活方式中心、商业综合体等对于国内来说还是新鲜事物，但经过十余年的飞速发展，商业项目在国内已遍地开花，甚至在某些城市和地区已近“饱和”。但即便如此，国内的商业发展还远未成熟。而且我在日常工作中发现，商业设计正越来越广泛地渗透到各类地产开发领域中，如城市更新、文旅开发等，TOD便是其中的一个重要类别。

商业与TOD的关系可溯源到早期的一些地铁上盖项目。现如今地铁上盖商业综合体发展方兴未艾，同时又出现了很多大型复杂的TOD商业规划项目，这使得灵活运用商业设计思维变得更为重要。未来随着中国城市更新步伐的加快，TOD将成为新一轮城市建设的基本理念，而商业规划作为TOD开发中的核心内容之一，将具有长久的生命力。

我基于对这一课题的兴趣及日常实践，总结心得撰写了这本关于TOD和商业设计方面的专著。在此之前出版的两部拙作《商业建筑设计》及《商业建筑设计要点及案例剖析》中的一些理论观点也是本书的理论基础之一，有兴趣的读者可以参考。希望读者对于书中的错漏之处不吝指教，另外也可通过微信公众号“商业设计大视野”，与我做进一步交流和探讨。

周洁

2021年7月